如何看中国

“如何看中国”丛书

东方智慧与信仰

如何看中国人的价值观

韩 震 著

CIPG China International Publishing Group 中国国际出版集团
外文出版社 FOREIGN LANGUAGES PRESS

出版前言

习近平总书记说过："当今世界是开放的世界，当今中国是开放的中国。中国和世界的关系正在发生历史性变化，中国需要更好了解世界，世界需要更好了解中国。"

当今中国，日益走近世界舞台的中央。国际局势动荡变化，各方力量此消彼长，世界同时也将目光投向中国：中国从哪里来？向何处去？中国能为世界做些什么？种种问题，大多从不同的视角集中为这样一个话题：如何看中国？这是一个很大的课题，回答起来，并不容易。

一个大国的成长，其间必然伴随种种曲折和坎坷。我们时常看到一些外国朋友对中国怀有成见，听到一些歪曲中国的声音。凡此种种，大多源于不了解。而澄清这些误解的过程，也是在回答"如何看中国"的过程。

现在，我们推出这套"如何看中国"丛书，这也是对关注中国的外国朋友的一种回应。这套书中，有的是回顾中国共产党的历史，有的是阐释中国共产党的治国之道，有的是讲述中国改革开放的光辉历程，有的是反映反腐败斗争的成果，还有全球治理下的中国担当、“一带一路”、精准脱贫、生态文明建设等关于中国发展的方方面面的内容。应该说，这些话题都是外国朋友比较关注的。当这些话题汇集起来，回答“如何看中国”便有了一些视角。

如果我们站在历史长河中看中国——

中华民族有着五千年的悠久历史和灿烂文化，东方智慧和信仰延绵至今。孔孟儒学、道家老子，先哲的思想一直启迪着后世。相融共生、“和合之美”，是人类命运共同体的理念基石。“和羹之美，在于合异”，解释了“一带一路”倡议“各美其美、美人之美，美美与共”的初衷。中国一直秉承着先祖朴素的治国安邦理念，在中国共产党的领导下，走出了一条独特的大国治理之道。

如果我们以发展的眼光看中国——

中国一直在成长，在成长过程中难免会遭遇各种阻力；中国也走过一些弯路，在前进过程中也遇到了各种艰险。40 多年前，中国开始改革开放，如今，从站起来、富起来到强起来的中国，正以深化改革、将改革进行到底的决心求发展。中国成功解决了 7 亿多人口的贫困问题，并且，始终追求可持续发展，像珍爱眼睛一样珍视环境，将“绿水青山”留成后世的“金山银山”。

如果我们站在全球范围内看中国——

中国从来不是孤立的存在，中国人民的梦想同世界各国人民的梦想息息相通。中国致力于推动构建人类命运共同体，始终不渝走和平发展道路，做世界和平的建设者、全球发展的贡献者、国际秩序的维护者，积极参与全球治理，承担世界上人口最多的发展中国家在世界发展进程中的使命与责任。

如果我们以积极的态度看中国——

世界上有很多关于中国和中国共产党的不同声音，甚至时常有“中国威胁论”的言论发出。中国与其他任何国家一样，并不是完美的，但在中国共产党的领导下，中国一直在坚定不移地走着中国特色社会主义的发展道路，积极自信地向着建设富强民主文明和谐美丽的社会主义现代化强国而努力。并且，爱好和平的中国，愿与世界一同分享中国的发展成果。

2019年是新中国成立70周年。从新中国成立的那一天起，中国就已经迈出了世界上最大的发展中国家独立自主搞建设的第一步。70年风风雨雨，中国从举步维艰走向了繁荣富强。英语中有一句流传很广的谚语：“事实胜于雄辩”，这也可以说是“如何看中国”的一个恰当注脚。

希望这套书可以成为一扇看中国的窗口，让更多的朋友了解中国。

目录

序 言
如何理解当代中国人的价值观？

自改革开放以来，经过40多年的发展，中国社会已经发生了翻天覆地的变化，经济社会建设取得了举世瞩目的成就。由于中国的发展从规模和速度上都令人叹为观止，因而被称为“中国奇迹”。要理解中国奇迹，就必须理解中国的社会现实，同样也要理解中国人的精神世界。要理解中国人的精神世界，就必须理解中国人的价值理念和价值追求。

只有理解了当代中国人的价值观，才能更好地理解当代中国。在当今中国，政府倡导富强、民主、文明、和谐，自由、平等、公正、法治，爱国、敬业、诚信、友善的社会主义核心价值观，有些价值观是面向构建什么样的国家，有些价值观则指向建设什么样的社会，有些价值观则属于公民道德层面，是考虑大家应该做什么样的国民。实际上，这些价值观的提出，不仅仅是执政党和政府的文件表达，而是基于中国社会发展需要和人民群众的呼声而提出的。“天视自我民视，天听自我民听。”这是中国治理方式演进的历史传统。

所谓价值，无非就是事物对于人的意义。所谓价值观，就是人们关于什么样的价值对人有何种意义的看法。即使在没有“价值”和“价值观”概念的情况下，人们也有自己的价值观。中国前贤们所关注的“成己”“成人”“成物”的理想追求，实际上就有价值意义的预设。实际上，中国古代的所谓“礼”就是一套调节人们社会生活的价值体系。“夫礼者，所以定亲疏，决嫌疑，别同异，明是非也。”按照礼的要求言行，就是实现社会的价值观了。“修身践言，谓之善行。行修言道，礼之质也。”（出自《礼记·曲礼上》）在当时，遵循这套价值体系和价值观，就能够得到社会的认可，就能够保障社会的安定有序。

我们在这里讲的“中国价值观”，不是完全从个人的角度去看待的对价值观的理解，而是对当代中国人民价值共识基础上的价值观的理解。中国人民的价值观，是为了追求人的幸福、社会的福祉和文明的进步，因此与世界其他国家和民族的价值观有许多的共性。当然，由于中国价值观是基于中华民族几千年历史演化而铸就的，反映着中华民族在中国大地上的生命体验、观念思考和精神追求，因此必然带有中华民族特有的形态、内涵和实质。从大禹治水的故事，就可以理解中国这个农耕民族对集体与合作的重视，个人只能在集体中才能获得生存的机会和力量。因此，对于价值和价值观，中国人往往更多从整体优先于局部、集体优先于个人的角度去思考。譬如，也许西方更多地从个人的角度去思考人权，而中国人更关注大家之间都要相互尊重人权，这就是“和谐”的价值观。中国人不把“人权”理解为个人权利或利益之间的自由竞争，而是相互之间达成和谐的状态，这就是为什么中国人如此重视“和为贵”以及“和而不同”的原因。在中国人看来，只有社会和谐了，人们才能过民主、自由、平等、公正的生活，才能获得富足而有尊严的生活机会。没有和谐社会，人们的自由、民主、公正都没有保障。

在本书之中，我试图通过历史与现实的双重阐释，即给中国价值观找到具有时代气息的生活基础，也试图说明当代活跃的中国价值观的历史根源。可以看到，中国古代就有的“不患寡而患不均”的价值追求，如何经历了现代性和社会主义观念的洗礼，一步步凝练成为“平等”“公正”的价值观；还可以看到，中国古代就有的“王子犯法，与庶民同罪”的价值追求，如何经过现代社会治理思想的淬炼，终于构建成为“法治中国”的价值观。

要理解当代中国人的价值观，就要了解中华民族的历史探索和文明演化过程，了解中华民族的文化根基和精神传承。中华民族5000多年文明史，中国人民近代以来170多年斗争史，中国共产党90多年奋斗史，中华人民共和国70年发展史，改革开放40多年探索史，这些历史一脉相承，不可割裂。脱离了中国的历史，脱离了中国的文化，脱离了中国人的精神世界，脱离了当代中国的深刻变革，是难以正确认识中国的。为什么中华民族能够在几千年的历史长河中顽强生存和不断发展呢？很重要的一个原因，是我们民族有一脉相承的精神追求、精神特质、精神脉络。中华优秀传统文化已经成为中华民族的基因，植根在中国人内心，潜移默化影响着中国人的思想方式和行为方式。我们今天提倡和弘扬的核心价值观，就是过去价值理想的时代转化和阐释的结果。比如，中华文化强调“民惟邦本”“天人合一”“和而不同”；强调“天行健，君子以自强不息”“大道之行也，天下为公”；强调“天下兴亡，匹夫有责”，主张以德治国、以文化人；强调“君子喻于义”“君子坦荡荡”“君子义以为质”；强调“言必信，行必果”“人而无信，不知其可也”；强调“德不孤，必有邻”“仁者爱人”“与人为善”“己所不欲，勿施于人”“出入相友，守望相助”“不患寡而患不均”等等。作为生于斯长于斯的中国人，我们有着百姓日用而不觉的共同的价值观。当代中国的核心价值观，就是对中华优秀传统文化的传承和升华。

要理解当代中国人的价值观，就要了解中华民族和中国人民最大的追求和期盼是什么。中国人民最大的期盼就是实现中华民族的伟大复兴，建成富强、民主、文明、和谐的社会主义现代化国家。这个目标是鸦片战争以来中国人民最伟大的光荣与梦想，是符合全体中国人民的最高利益和根本利益的，占世界五分之一人口超过14亿之众的中华民族的一切奋斗，归根到底都是为了实现这一伟大目标。1840年以来，外敌入侵和凌辱的历史体验，特别是反法西斯战争中的巨大民族牺牲和抗日战争的胜利，让中国人深切体会到民族独立、国家强盛和人民幸福的重要性。

要理解当代中国人的价值观，也必须要到当代中国人民的社会实践和社会生活中去找根源。中国特色社会主义的探索与实践，让一个极贫积弱的文明古国焕发了青春，取得了举世瞩目的经济成就，在国外朋友看来似乎是“奇迹”，而作为经历这一进程的中国人也在思考这个现实的变化，这毫无疑问地给中国价值观打上了深深的烙印。实际上，社会主义就是基于一种崭新的价值理想，即建立基于生产资料公有制的公平正义社会，让每个人都能够得到自由而全面的发展。中国是社会主义国家，但中国人从不排斥民主、自由、人权这样的价值，而是从社会发展的角度去考虑这些价值的合理性基础和实现的条件等问题。因此，中国人不是抽象地谈人人有投票权的民主，而是基于当下的现实条件寻找和完善让人民能够当家做主的可能路径，中国人在完善人民的民主权利的同时，也试图让窄化了的仅有周期性投票权的民主变成为具有广泛权利的人民民主。实际上，当代中国也特别重视人民的自由发展，因此才希望把自由建立在社会公平的框架下。中国人的价值观不仅不排斥人权，而是让人民的权利基于现实的、可实现的基础之上。中国是从社会的角度去看待权利，如果人人相互尊重权利，这就是人人平等的法治框架下的公正和谐的社会。中国人的和谐价值观，在某种意义上，是包含了人权价值且超越于人权价值的价值观；社会主义公正价值观，是包含了个人自由价值且高于个人自由价值的价值观。

要理解当代中国人的价值观，也要面向未来的历史发展进程中加以阐明。我们中国人在曲折反复中似乎越来越认识到，一方面不能抛弃传统，割断自己的精神命脉；另一方面也不能停下前进的步伐，忘记理想的召唤。不忘本才能开辟未来，善于继承才能更好创新。由此，我们要深入挖掘和阐发中华优秀传统文化讲仁爱、重民本、守诚信、崇正义、尚和合、求大同的时代价值，同时也要在价值的拓新上努力下功夫。我们在继承中华民族优秀传统文化的同时，必须把反映等级社会的价值观涤荡清除出去，培育和弘扬符合历史发展方向的社会主义价值观。核心价值观必须着眼于人类历史发展的前进方向，必须反映社会发展的要求，只有这样才能与历史进步的节奏合拍。

要理解当代中国人的价值观，还需要在中国人民与世界各国日益密切的交流互鉴中加以体会。中华文化历来就是在与其他文化的相互激荡中发展的。国际社会应该采取“和而不同”的价值观，这样世界才能有更多和平发展的机会。由此可见，中国的和谐价值观具有现实的、普遍的世界意义。中华民族历来就有天下一家的开放胸襟，有协和万邦的气度，不仅在古代，中国就与世界各国进行多方面的交流互鉴，例如佛教的传入、西域音乐的影响，而且近代以来，西方的文艺复兴、启蒙运动、资产阶级革命、工业革命等等，特别是马克思主义和社会主义的理论，都深刻地影响和改变了中国的面貌。中国人对国家富强目标的追求，显然是受了欧美的影响，才有了更强烈的动力。自由、平等、民主、法治等价值，显然有浓厚的欧美影响，但最终也是在中国人民启蒙和救亡的双重运动中逐渐清晰起来的。当然，中国也可以对全人类共同价值的融会包容发展做出自己的贡献。譬如，中国人“和而不同”的价值观，可以成为调节国际关系的最佳规范。我们主张“万物并育而不相害，道并行而不相悖”。这要比霸权思维和帝国秩序价值观合理得多、也公正得多。中国人往往强调，人应该做到“穷则独善其身，达则兼善天下”。今天，中国为什么发展快？那是因为：对内，我们构建和谐社会，力求实现祖国的和平统一、繁荣富强；对外，我们主张和平发展，实行平等交往、互惠互利。国际社会应该采取“和而不同”的价值观，这样世界才能有更多和平发展的机会。由此可见，中国的和谐价值观具有现实的、普遍的世界意义。

毋庸讳言，当代中国人的价值观显然与马克思主义密切相关，这是一个历史事实。中国与马克思主义的结合，不仅实现了民族独立、人民解放，而且也实现了中国社会的发展，让中国大踏步赶上了世界发展的潮流。环顾全球，人们会问：为什么马克思主义能够促进中国的发展？中国接受其他的“主义”或价值观会有什么结果呢？

首先，马克思主义契合了中国近现代救亡与启蒙双重变奏的历史进程。近现代史已经雄辩地证明，马克思主义进入中国之后，的确提升了中国文化的水准、推动了中国社会的发展、促进了中华民族复兴的进程。唯有马克思主义来到中国之后，成为中国社会和文化进行自我改造和现代性转换历史进程中的思想武器，中国的民族独立、人民解放、社会发展才取得了真实的进展。为什么会出现这种结果？在中国这个有着自己古老文明和传统的东方大国，这个进程绝不是偶然的，而是有着深刻的历史逻辑。有人说，在中国是“救亡”压倒了“启蒙”。实际上，在中国不是“救亡”压倒了“启蒙”，反而是“启蒙”与“救亡”历史地内在地联系在一起了。马克思主义在世界范围内产生了如此广泛而深刻的影响，就在于它是认识世界、改造世界的武器。作为这样的武器不仅推动了中国人民的思想启蒙，而且还鼓励中国人民进行改变自己命运的社会革命。马克思主义对资本主义的无情批判，可以让中国人民在进行社会革命的同时，又在资本主义支配和帝国主义支配的强力面前保持独立和对抗的姿态。有了对资本主义进行反思和批判的马克思主义，中国人就可以一边学习作为老师的“西方”，一方面又可以抵抗不断试图侵略和控制中国的“西方”。中国共产党以马克思主义为指导，并且在实际斗争中学会了创造性地运用马克思主义，使马克思主义的普遍原理与中国的具体实际相结合，通过艰苦绝卓的斗争，建立了新中国，中国人民从此“站起来了”。

在中国寻求出路的时候，欧美的各种资产阶级的理论体系也曾传播到中国，而且还得到了当时当权者的欣赏和有选择的推广，但都没有打动中国人民的心扉，因此也就无法成为中国历史进程的内在思想力量。其次，在探索社会主义发展模式的过程中，正是在马克思主义的旗帜下，中国才找到了经济全球化时代成功发展自己的道路。中国人民站起来了，但还要站得稳，站得稳就需要健康的机体。唯有生产力发展水平高、科学技术创新能力强的国家，才能保障国家的安全和人民的幸福。在经济全球化背景下，中国要发展就不可能脱离世界，也不可能脱离当下资本与市场的逻辑。我们必须从既定的国际秩序出发，否则我们就只能闭关自守。在改革开放过程中，中国没有像某些国家那样“缴械投降”，也没有搞“休克疗法”，但却扬弃了教条主义的社会主义模式，使社会主义找到了更合适的路径，创造了令世人瞩目的“中国奇迹”。

另外，改革开放肇始于思想解放的大讨论，它本身就是中国启蒙进程的继续。中国救亡的任务已经实现，但启蒙的任务仍然需要继续下去。社会主义市场经济就扮演了这个启蒙的角色。我们不仅在发展经济中真正理解了科学技术是第一生产力，人的主体性力量得到了张扬；市场主体的利益诉求也让中国人逐渐理解了个人权利的重要性，认识到协调不同个人之间权利的法治体系的必要性。环顾全球，我们就可以明白，如果没有马克思主义，发展中国家不是在经济全球化浪潮中成为资本主义世界体系的附庸，就是出现极端主义的对抗——伊斯兰原教旨主义就是典型。中国的改革开放能够走出一条成功之路，难道不是马克思主义赋予中华传统文化新的生命力吗？马克思主义让中国传统文化实现了创造性的现代性转换和现代化发展。

最后，21世纪的马克思主义还将引领中国建成社会主义现代化强国。中国特色社会主义进入新时代，“近代以来久经磨难的中华民族迎来了从站起来、富起来到强起来的伟大飞跃”，但实现这个飞跃仍然要进行许多艰苦卓绝的斗争。中国已经从落后的农业国走入工业大国的行列，从自给自足的自然经济进入了市场经济体系，从相对封闭走向拥抱经济全球化；我们已经成为第二大经济体，第一大货物贸易国，人均GDP已经接近10000美元。但是，中国人必须牢记：“我国仍处于并将长期处于社会主义初级阶段的基本国情没有变，我国是世界最大发展中国家的国际地位没有变。”行百里路者半九十。面对人民群众对美好生活的向往，面对中华民族伟大复兴的前景，我们必须坚定马克思主义的理想信念，坚定中国特色社会主义制度自信、理论自信、文化自信，在中国特色社会主义道路上阔步前行。

当代中国的自信，是掌握了马克思主义思想武器的中国共产党人、中国人民的自信。譬如，中国的文化自信不是回到原有的中国文化，如儒释道思想体系和价值观念，而是立足中华优秀传统文化、继承革命文化、弘扬中国特色社会主义先进文化的文化自信，倡导社会主义核心价值观。中国要从站起来、富起来走向强起来，建成社会主义现代化强国，仍然要坚持马克思主义，更重要的是必须发展马克思主义。只有发展马克思主义，才能激活马克思主义的生命力，才能用来指导新时代中国特色社会主义。正如习近平总书记在中共十九大报告中指出的，“只有社会主义才能救中国，只有改革开放才能发展中国、发展社会主义、发展马克思主义。必须坚持和完善中国特色社会主义制度，不断推进国家治理体系和治理能力现代化，坚决破除一切不合时宜的思想观念和体制机制弊端，突破利益固化的藩篱，吸收人类文明有益成果，构建系统完备、科学规范、运行有效的制度体系，充分发挥中国社会主义制度优越性。”为此，我们必须聆听时代声音，勇于坚持真理、修正错误，让21世纪中国的马克思主义在中国特色社会主义的伟大实践中展现出更强大、更有说服力的真理力量，引导中国人的价值世界。

总之，自古以来，中华民族的优秀文化和近代以来的革命文化深深熔铸在绵延不绝的中华民族精神之中，孕育了具有中华民族独特意识、品格和气质的价值观念体系。但是，民族精神或一个民族的价值追求是对民族现实的历史创造性活动的引领和反映，它必然对特殊的时代性问题做出回应，从而必然带有一定的历史时代的烙印。只有反映时代性特征和要求的文化，才能有时代性的影响力，才能形成现实的有积极价值取向和生命力的文化。只有在这和历史与现实的相互映照中，我们才能理解和体会今天中国的价值观。

在当代中国倡导的核心价值观中，“富强、民主、文明、和谐”是国家层面的价值要求。这个价值目标的确定，既现实地表达了中国的国家意志，也充分体现了人民的普遍意愿和诉求。面向并实践这些理念的要求，将凝聚全中国的力量，形成建设社会主义现代化国家、贡献世界和平发展的巨大合力。

第一章

构建富强、民主、文明、和谐的国家

富强：中华民族的光荣与梦想

悠久灿烂的文明

实现中华民族伟大复兴，是“鸦片战争”以来中华民族最伟大的梦想。这个梦想，凝聚了几代中国人的夙愿，体现了中华民族和中国人民的整体利益，是每一个中华儿女的共同期盼。

中国是一个文明古国，中华民族在历史上曾经创造了令世界瞩目的灿烂文化。在夏商时代就出现了强大的国家，并且根据治理需要而创制了甲骨文，奠定了汉字演化的基础，汉字一直到今天的信息时代，仍然充满着生命力。在秦始皇时代，中国就建立了统一的帝国。在后来王朝的更替进程中，也出现过“文景之治”“武宣盛世”“贞观之治”“开元盛世”“康乾盛世”等富强时期。

西汉时期，面对天灾人祸造成的社会经济衰弱局面，汉文帝（公元前 180 年—公元前 157 年）和汉景帝（公元前 157 年—公元前 141 年），采用了“与民休息”的治国思想，实施“轻徭薄赋”“与民休息”的政策。汉文帝多次降低田租的税率，按“三十税一”征税。这是中国古代封建社会田赋税率最低的时期。文景二帝都采取鼓励生产、发展经济、扩大税基的策略，从而增加了政府财政收入。他们多次下诏劝课农桑，劝解百官关心农桑，奖励努力耕作的农民，鼓励农民扩大生产。每年春耕时，他们往往象征性地亲自下地耕作，给百姓做榜样。在工商业方面，文帝“弛山泽之禁”，即开放原来归国家所有的山林川泽，从而促进了农副业生产和与国计民生有重大关系的盐铁生产发展。文景二帝还推行开源节流、厉行节约的政策，禁止奢靡浪费。汉文帝在位期间，宫室苑囿，车骑服御，都无增加。汉景帝下诏不接受地方贡献的锦绣等奢侈物品，禁止地方官员购买黄金珠玉，否则以盗窃论罪。经过多年的发展，汉朝出现了多年未有的稳定富裕的景象。这一时期经济发达、社会安宁，成为中国历史上的一个盛世典范，史称“文景之治”。汉代著名史学家班固就对“文景

名词

丝绸之路

西汉的对外贸易十分发达。自中国西部的河西走廊，经新疆天山南北、塔里木盆地边缘通向中亚、西亚，以及更远的欧洲等地的通商之道，已经建立并畅通，这就是历史上有名的“丝绸之路”。通过“丝绸之路”，西汉的人们从中亚、西亚等地运入各种毛织品，又将中国的丝绸运往世界各地。频繁的贸易既促进了中原地区的经济发展，也促进了西域社会的进步。更重要的是，“丝绸之路”的打通，使天山南北地区第一次与中原内地联为一体，这在中国历史上具有非常深远的意义。同时，西汉的海运也建立起来，海上贸易量在商业贸易中占有重要比例，南方的番禺（即今广州）是当时的重要港口，中国的物品通过海路运往西方，西方的一些货物如琥珀、玛瑙制品即通过海运输入中国。

之治”做了这样的描述：“太仓有不食之粟，都内有朽贯之钱”，“京师之钱累巨万，贯朽而不可校。太仓之粟陈陈相因，充溢露积于外，至腐败不可食。”意思是说，首都长安国库中的钱财有千万亿，用来串钱的绳子都朽断了，钱多得数都数不过来；国家仓库中的粮食堆得太满，以至于旧的与新的混杂堆在一起。

唐朝是中国历史上的另一个盛世。其中，“贞观之治”和“开元盛世”为世人广为称颂。唐初，由于隋炀帝好大喜功和战争，留下了破坏严重、民生凋敝的局面。唐太宗即位后，常用隋炀帝作为反面教材，来警诫自己及下属。他充分汲取隋亡教训，大力纠正前朝的弊端，调整统治政策。唐太宗任人唯贤，知人善用；广开言路，虚心纳谏。他采取了以农为本、厉行节约、休养生息、文教复兴、完善科举制度等政策，使得社会出现了安定的局面；并尊重边族风俗，大力平定外患，稳固边疆，最终取得天下大治的理想局面。唐太宗当时的年号是“贞观”（公元 627 年—公元 649 年），因此，历史上称这一时期的盛世为“贞观之治”。

开元盛世是唐玄宗李隆基（公元 685 年—公元 762 年）统治前期所出现的社会盛世。唐玄宗在开元年间（公元 713 年—公元 741 年），积极改革吏制，发展经济，倡导文教，拓展外交，使得政局稳定、经济繁荣、文化昌盛、国力富强，唐朝进入全盛时期，中国封建社会达到顶峰阶段。因当时年号为“开元”，史称“开元盛世”。唐朝著名诗人杜甫在诗歌《忆昔》中描绘了开元盛世景象：“忆昔开元全盛日，小邑犹藏万家室。稻米流脂粟米白，公私仓廪俱丰实。九州道路无豺虎，远行不劳吉日出。齐纨鲁缟车

链接

唐代国际大都市长安

唐都长安是世界帝都之冠，是历史上东方和西方商业文化交流的汇集地。盛唐时期的长安城中设有东、西两大市场。东市是国内市场，西市是国际市场，也称为“金市”，是当时规模宏大、国际贸易繁荣的商业市场。西市占地1600亩，建筑面积100多万平方米，有220多个行业，繁华程度盛极一时。当时的西市商业贸易西至罗马、东到高丽（今韩国和朝鲜），是占地面积最大、建筑面积最大、业态最发达、辐射面最广的世界贸易中心、时尚娱乐中心和文化交流中心。

班班，男耕女桑不相失。”由此，我们可以窥见这一时期的富足和兴盛。这些国富民殷、社会和谐的盛世场景，令我们无尽骄傲，令人魂牵梦萦。

在宋代，社会经济发展水平在原有的基础上有了很大的提高。这一时期，中华民族在农业文明、城市文明诸多方面取得了巨大成就，城市商业和手工业得到迅猛发展，出现了以商人为代表的新富人阶层，民众生活幸福安逸富足，在生产、劳动之余开始享受生活、娱乐，饮食文化、茶文化、建筑文化等发展突飞猛进，是当时世界上最大、生产力最高和最发达的国家之一。公元10世纪末，中国民间已经出现了最早的纸币——交子。中国成为世界上最早使用纸币的国家。

随后几个世纪里，中国国力一直位居世界首位。16–18世纪的中国是世界上最大的商品出口国，那时英国销往中国的商品总值，无法抵消中国卖给英国的茶叶一项的总值。当时全世界50万以上人口的10个大城市，中国就占了6个。明末，传教士利玛窦在其《中国札记》中这样记载中国：“这里物质生产极大丰富，无所不有，糖比欧洲白，布比欧洲精美……人们衣饰华美，风度翩翩，百姓精神愉快，彬彬有礼，谈吐文雅。”

在几千年的辉煌历程汇总，中华民族为世界科技文化

诗词

望海潮·东南形胜（柳永 作）

东南形胜，三吴都会，钱塘自古繁华。烟柳画桥，风帘翠幕，参差十万人家。云树绕堤沙。怒涛卷霜雪，天堑无涯。市列珠玑，户盈罗绮，竞豪奢。

重湖叠巘清嘉。有三秋桂子，十里荷花。羌管弄晴，菱歌泛夜，嬉嬉钓叟莲娃。千骑拥高牙。乘醉听箫鼓，吟赏烟霞。异日图将好景，归去凤池夸。

《望海潮·东南形胜》描写出了杭州的富庶与美丽。上片描写杭州的自然风光和都市的繁华，下片写西湖，展现杭州人民和平宁静的生活景象。这是柳永的一首传世佳作，勾勒出了北宋社会经济发展后人们的美好生活，读后让人生起无限的遐想。

的发展做出了巨大的贡献。从科技成就来看，古代中国有很多重大科技发明，使中国的农耕、纺织、冶金、手工制造技术长期处于世界先进水平，同时也对周边国家的生产生活产生了重要影响。英国著名科学史专家李约瑟就曾指出，在近代以前的所有文明中，没有一个国家的文明比中国文明更发达、更先进。

从对外交流来看，古代中国积极发展对外交流，对周边国家的影响力极为深远。汉代时期，张骞两次出使西域，打开了中国与中亚、西亚、南亚及欧洲等国交往的大门，促进了东西方文化的交流，为世界文明与进步注入了新的活力。通过丝绸之路，中国的丝、绸、绫、缎、绢等丝制品，源源不断地运向中亚和欧洲，不仅为中国带来了巨大的财富，也与亚洲和欧洲许多国家建立起了友谊。隋唐时期，中国文化广泛地影响到周边国家，日本多次派遣唐使来学习中国文化，中国的文字、服饰、建筑和思想等方面对日本产生了深远影响，至今依然可以看到。

一头睡狮的觉醒

明朝后期和清朝前期，当西欧各国相继进入以工业为主的资本主义社会的时候，中国依然停留在农业社会中，虽然清朝也出现了“康乾盛世”的景象，但那只是中国两千多年来整个封建社会的落日余晖。资本主义的扩张性，使中国不可能再偏安一隅，必然被裹挟进世界市场的洪流之中。1840年鸦片战争以后，中国逐渐沦为半殖民地、半封建社会。以《中英南京条约》的签订为发端，到 1949 年为止，与外国侵略者签订的不平等条约和协定，共有 1182 个。这个曾经辉煌一时、自诩为天朝上国的古老国度开始靠不断割地赔款来委屈求和。中国人民遭遇了极大的灾难和痛苦，苦难深重，命运多舛。

圆明园，这座当时世界上无与伦比的皇家博物馆，被法国作家雨果形容为“月宫般的仙境”，“大理石建造的梦”，足以让欧洲士兵产生“吸食大麻般幻觉”的东方宝库，在 1860 年和 1900 年先后遭受英法联军、八国联军疯狂劫

链接

习主席这样说

2014 年 3 月 27 日，国家主席习近平在中法建交 50 周年纪念大会上的讲话中曾经指出：“拿破仑说过，中国是一头沉睡的狮子，当这头睡狮醒来时，世界都会为之发抖。中国这头狮子已经醒了，但这是一只和平的、可亲的、文明的狮子。”中国的历史和文化基因表明，中国没有侵略的基因，但却有协和万邦、合作共赢的意愿与传统。

掠和百般蹂躏之后，又被列强肆无忌惮地焚烧殆尽。当年的英国随军牧师罗伯特·麦吉在日记中毫无愧疚地写道：“再也没有一双眼睛能够见证另一个时代的艺术天赋和品味了，一个也不留，一栋房屋也不剩，让这里再无宫殿的痕迹。”断壁残垣，满目疮痍，永远记录下了列强的暴行，也记录了一个民族走向沉沦的衰弱和耻辱。

“天下兴亡、匹夫有责”。面对民族危亡、生灵涂炭的悲惨境遇，中华儿女为救亡图存上下求索，进行了反侵略、反奴役、反压迫的英勇斗争，不仅抵御外侮、变法图强，而且推翻帝制、建立共和，书写了中华民族不屈不挠、绝地再生的悲壮历史。

西方坚船利炮打破了上朝天国的迷梦，先进的中国知识分子开始“睁眼看世界”，探索实现国家富强的办法。湖南进士魏源最早提出了“师夷长技以制夷”的思想，主张学习西方的技术来抵抗西方。清政府中，以张之洞、李鸿章等一批重臣为代表，在坚持“中学为体、西学为用”的前提下，开展洋务运动，创办军事、民用企业，建立海军，设新式学堂，派遣留学生出国学习，在一定程度上促进了中国民族工业的发展，加快了中国的现代化进程。

甲午战争的失败，既深化了民族危机，也激发了新的民族觉醒。梁启超、谭嗣同、严复等知识分子，反思洋务

如何看

什么是"洋务运动"？

洋务运动，又称自强运动、同治维新，是清后期至清末时期，清统治阶级中洋务派官员以"师夷长技以制夷"的口号和目的，在全国开展的工业运动。该运动自1861年底（清咸丰十年）开始至1895年大致告终，持续约35年。洋务运动时期，中国以军事工业为中心建立了一批近代化工厂。

运动后提出，不仅要学习西方的科学技术，还要学习西方的社会制度和思想文化。他们介绍外国变法的经验教训，办学会、办报纸，开展论战等，传播西方政治学说，拉开了戊戌变法（又称"百日维新"）的序幕。在维新派的推动和策划下，光绪皇帝从1898年6月11日到9月21日先后发布了一系列推行行政的政令，进行变法，学习西方科学文化，改革政治、教育制度，发展农、工、商业等。但是，在以慈禧太后为代表的顽固派的反对下，轰轰烈烈的维新运动流于失败。显然，不触动封建统治的根基，企图依靠学习西方先进技术和政治制度来进行革新，无法将中国走向富强。

1911 年的辛亥革命推翻了中国两千多年的封建君主专制制度，建立了资产阶级共和国。孙中山等革命派希望在中国实现主权在民、民为国家之根本，并以此为基础，逐步建立民主、强大、富裕国家的梦想并为之而努力。然而，划时代的革命并未带来“一个新时代的黎明”，也未实现民族、民权、民生的现代国家理想。这是因为，辛亥革命没有深入发动和依靠蕴藏在最广大民众中的革命力量，使人民真正成为国家、社会和自己命运的主人。因此，辛亥革命后，军阀割据，外敌蚕食，人民依然生活在水深火热之中。

百余年里，无数人梦想能在一个半殖民地的、半封建的、分裂的中国，发展工业，建设国防，福利人民，求得国家的富强，但这种梦都幻灭了。近代中国所有救亡图存的尝试，无论是君主立宪制、复辟帝制，还是议会制、多党制、总统制，无一不以失败告终。

民族独立、人民解放、国家富强的任务，历史性地落在了中国共产党及其团结领导下的中国人民的肩上。马克思主义特别重视生产力的充分发展。马克思曾经指出：生产力的巨大增长和高度发展“之所以是绝对必需的

重要论述

邓小平谈"中国形象"

鸦片战争以来的一个多世纪里，外国人看不起中国人，侮辱中国人。中华人民共和国建立后，改变了中国的形象。中国今天的形象，不是晚清政府、不是北洋军阀、也不是蒋氏父子创造出来的。是中华人民共和国改变了中国的形象。

——邓小平（1904—1997，中国无产阶级革命家、政治家、军事家、外交家）

实际前提，还因为如果没有这种发展，那就只会有贫穷、极端贫困的普遍化；而在极端贫困的情况下，必须重新开始争取必需品的斗争，全部陈腐污浊的东西又要死灰复燃"。为了中华民族的伟大复兴，中国共产党人勇敢肩负起民族独立、人民解放、国家富强、人民幸福的神圣使命，领导中国人民经过艰苦卓绝的斗争，建立了新中国，实现了民族独立和人民解放，中国人民从此站起来了。在社会主义建设时期，中国共产党领导人民走上了富强的光明道路，尤其是十一届三中全会，开启了改革开放历史新时期。

改革开放以来，中国经济社会发展进步更为迅速。中国经济总量连上台阶，综合国力大幅提升。国内生产总值由 1978 年的 3645 亿元迅速跃升至 2014 年的 636463 亿元，首次突破 60 万亿元，以美元计，首次突破 10 万亿美元大关，中国成为继美国之后又一个“10 万亿美元俱乐部”成员，GDP 总量居世界第二。持续的快速增长，带来了综合国力、国际竞争力的大幅提升，人们的生活水平得到了显著改善。按照世界银行的划分标准，中国已经由低收入国家跃升至中上等收入国家。60 多年来，中国用占世界 7% 的土地养活了占世界 22% 的人口，人们的生活水平和社会面貌都发生了翻天覆地的变化。

民族复兴的期盼

实现中华民族伟大复兴，是中国人民近代以来的梦想与期盼。鸦片战争以来，经过 170 多年的持续奋斗，中华民族伟大复兴展现出光明的前景。现在，我们比历史上任何时期都更接近中华民族伟大复兴的目标，比历史上任何时期都更有信心、有能力实现这个目标。

实现中华民族伟大复兴的中国梦，就是要实现国家富强、民族振兴、人民幸福。有梦想才有未来。但要把梦想变为现实，需要坚持走正确道路，也需要每个华夏儿女切实行动起来。

方向决定未来，道路决定命运。实现中国梦需要坚定不移地走中国特色社会主义道路。“既不走封闭僵化的老路，也不走改旗易帜的邪路”。中国特色社会主义道路已经取得了巨大成就，几千年来第一次实现了即使贞观之治、康乾盛世也未曾做到的十几亿人都能有饭吃、有衣穿的梦想。只有坚定不移地走中国特色社会主义道路，积极发展经济，逐步实现共同富裕，才能真正实现中国梦。这条道路来之不易，它是在改革开放40年来的伟大实践中走出来的，是在中华人民共和国成立60多年来的持续探索中走出来的，是在对1840年以来中华民族发展历程的深刻总结中走出来的，是在对中华民族5000年悠久文明的传承中走出来的，具有深厚的历史底蕴和广泛的现实基础。

2012年11月29日，习近平总书记和其他中央领导同志来到国家博物馆，参观大型展览《复兴之路》并发表重要讲话。习近平总书记指出：“每个人都有理想和追求，都有自己的梦想。现在，大家都在讨论中国梦，我以为，实现中华民族伟大复兴，就是中华民族近代以来最伟大的梦想。这个梦想，凝聚了几代中国人的夙愿，体现了中华民族和中国人民的整体利益，是每一个中华儿女的共同期盼。历史告诉我们，每个人的前途命运都与国家和民族的前途命运紧密相连。国家好，民族好，大家才会好。实现中华民族伟大复兴是一项光荣而艰巨的事业，需要一代又一代中国人共同为之努力。空谈误国，实干兴邦。”

空谈误国，实干兴邦。古往今来，凡事成于真、兴于实，败于虚、毁于假。实现中华民族伟大复兴的中国梦，需要每个人埋头苦干、顽强拼搏，立足本职岗位，尽职尽责。中国为什么发展这么快，那是因为亿万人民勤奋努力的结果。

名词

空谈误国

“空谈误国”一词来自“清谈误国”。该说法源自明末清初的顾炎武对两晋亡国的总结。魏晋时代的风流名士以清谈为风尚，被王羲之贬为“虚谈废务，浮文妨要，恐非当今所宜”，后人更是批评两晋亡于清谈，遂有“清谈误国”之说。

民主：
不断扩大人民民主

人民民主是社会主义的生命。社会主义事业是人民的事业，没有人民行使当家做主的权利，没有千百万群众积极性、主动性和创造性的充分发挥，社会主义事业就不可能取得成功。没有民主就没有社会主义，就没有社会主义的现代化，也就没有中华民族的伟大复兴。

从民本到人民民主

民主是人类长期以来追求的一种政治理念。在中国古代，传统民本思想就包含着一些民主因素。《尚书》指出，“民为邦本，本固邦宁”，意思是指百姓是国家的根本，只有根本稳固，国家才能安宁。孟子指出，“民为贵，社稷次之，君为轻”，意思即人民是第一位，国家其次，君在最后。历朝历代的贤明统治者无不敬畏人民的力量。唐太宗说过，“君，舟也；人，水也；水能载舟，亦能覆舟。”必须贵民、爱民、养民，才能顺民意、得民心。

西方的民主实践可以追溯到古雅典时期。古雅典民主政治的基本特征是全体公民是统治者，参与政治，集体掌握国家最高权力；公民集体内部相对平等；法律至上。公元前5世纪，在伯里克利担任首席将军期间，雅典民主政治发展到顶峰，被称为雅典民主的“黄金时代”。

但是，雅典的民主政治是有缺陷的。雅典的自由是少数人享有的自由。在古希腊政治结构中，人被分为几类：奴隶、女性、自由的外邦人、自由的本邦人。拥有自由权的自由公民仅仅为自由的本邦人。这些自由公民的数量十分有限，他们仅占城邦人口总数的十分之一左右。占人口绝大多数的奴隶，只是“会说话的工具”，没有人身自由，更谈不上参与城邦政治。

近代以来，在反对封建王权和神权政治的过程中，西方资产阶级打出自由、平等、人权的口号，强调个体享有一系列受法律保障的、不受干预的权利。为有效保护人们的自由权利，新兴的资本主义国家逐步确立了以分权制

知识

《人权宣言》节选

在权利方面，人生来是而且始终是平等自由的，自由、财产、人身安全和反抗压迫是天赋不可剥夺的权利；人们享有言论、信仰、著作和出版的自由；法律面前人人平等，不允许有任何超越法律的行为产生。

衡、议会制、普选制、两党制或多党制等为主要内容的制度。这些制度的实施，在很大程度上保护了资产阶级的利益，客观上提升了整个社会的自由水平，推动了社会的发展和进步。

近代以来，在反对封建君主专制制度的革命中，西方的现代自由民主思想曾经影响了中国的历史进程。辛亥革命的爆发，就是这种影响的实际历史进程。但是，中国不仅面临启蒙的任务，同时也面临救亡的责任。西方列强总是把中国置于附庸的地位，马克思主义却给中国人民一面既能够启蒙又可以救亡的旗帜。1949 年，中华人民共和国成立。1956 年社会主义改造的胜利完成，确立了生产资料社会主义公有制。1954年新中国第一部宪法公布实施，人民代表大会制度在全国范围内建立。从那时起，特别是改革开放以来，中国共产党领导中国人民进行了社会主义民主的伟大实践，社会主义民主呈现出旺盛的生命力。

最广泛、最真实、最管用的民主

人民当家做主是社会主义民主政治的本质和核心。人民当家做主，依法享有管理国家和社会事务的民主权利，是社会主义民主政治的重要内容，也是社会主义民主真实性与广泛性的本质体现。

在中国，一切权力属于人民。中国宪法规定“中华人民共和国是工人阶级领导的、以工农联盟为基础的人民民主专政的社会主义国家”，这是国家根本法对中国国家性质的明确规定。人民代表大会制度是中国的根本政治制度，是人民掌握国家政权、行使权力的根本途径。代表由人民选举产生，组成各级人民代表大会，代表人民行使国家权力。行政、审判、检察等机关，分别行使管理国家、维护社会秩序等各项权力。人民代表了解民情，集中民意，通过提案反映群众的要求，可以向立法、行政、司法机关提出质询案，以此监督和促进它们的工作。

中国许多重大的政策和决策，还要听取社会各界的意见和建议，与民主党派协商。中国共产党领导的多党合作和政治协商制度，也是中国的一项基本政治制度，是社会各阶层民主参与的重要渠道。中国共产党是执政党，各民主党派是参政党，具有法律规定的参政权，参加国家政权，参与国家大政方针和国家领导人选的协商，参与国家事务的管理，参与国家方针、政策、法律、法规的制定和执行。人民政协是多党合作的重要机构，它围绕团结和民主两大主题履行政治协商、民主监督和参政议政的职能。

基层民主制度在不断健全和完善，人民群众参与国家和社会事务的渠道更加多样化。在城乡社区治理、基层公共事务和公益事业中实行群众自我管理、自我服务、自我教育、自我监督，是人民依法直接行使民主权利的重要方式。随着社会的迅速发展，全国各地城乡基层民主不断扩大，逐步探索和完善了农村基层民主政治建设、城市社区民主政治建设、职工代表大会制度等基层民主形式。公民的政治参与渠道不断增多，民主的实现形式日益多样化。

没有民主就没有社会主义。社会主义民主，归根结底就是让人民当家做主。社会主义事业是人民的事业，是人民群众自觉参加和实现自身利益的事业，没有广大人民群众行使当家做主的权利，没有千百万群众积极性、主动性和创造性的充分发挥，社会主义事业就不可能取得成功。

如何看

八个民主党派

在中国，除了中国共产党，还有八个民主党派：中国国民党革命委员会、中国民主同盟、中国民主建国会、中国民主促进会、中国农工民主党、中国致公党、九三学社和台湾民主自治同盟。这些爱国民主党派是在抗日反蒋斗争中逐步形成和发展起来的，同中国共产党有长期合作的历史，先后响应中国共产党1948年5月1日提出的召开新政治协商会议的号召，1949年参加了中国人民政治协商会议。中华人民共和国成立后，中国共产党同各民主党派遵循“长期共存、互相监督、肝胆相照、荣辱与共”的基本方针，通力合作，共同致力于中国特色社会主义伟大事业。

民主作为社会主义核心价值观的体现，在促进社会发展和实现社会稳定等方面发挥着重要作用。人民当家做主能够充分表达民意，充分调动广大人民群众的积极性和创造性，推动社会主义建设；能够推行民主决策，有利于党和政府决策的正确性和科学性，有利于化解人民内部矛盾，促进社会稳定，保障安定团结的政治局面。

不断发展完善民主制度

每个国家都有自己的文化传统和治理方式。中国在建设中国特色社会主义的进程中，也形成了自己独具特色的民主制度。中国宪法规定：“中华人民共和国年满十八周岁的公民，不分民族、种族、性别、职业、家庭出身、宗教信仰、教育程度、财产状况、居住期限，都享有选举权和被选举权；但是依照法律被剥夺政治权利的人除外。”选举权和被选举权是公民的一项基本政治权利，是公民参与国家管理、组织政权，实现人民民主的主要途径。行使这个权利是公民参与管理国家和管理社会的基础与标志。

中国人有充分的自由。这么多中国人前往世界各地旅行访问，这已经证明了中国的自由程度。中国宪法规定：“中华人民共和国公民有言论、出版、集会、结社、游行、示威的自由。”人民参与国家政治生活，充分表达自己的意愿，这是人民行使当家做主权利的主要方式。

公民对国家机关和国家工作人员有提出批评、建议、申诉、控告或检举的权利。宪法第四十一条就规定：“中华

名词

跳出兴亡周期率唯有靠“民主”

1945年抗日战争即将胜利的时候，民主人士黄炎培等访问延安。黄炎培对毛泽东直言：“我生六十余年，耳闻的不说，所亲眼见到的，真所谓‘其兴也浡焉，其亡也忽焉’。一人，一家，一团体，一地方，乃至一国，不少单位都没有能跳出这周期率的支配力。大凡初时聚精会神，没有一事不用心，没有一人不卖力，也许那时艰难困苦，只有从万死中觅取一生。既而环境渐渐好转了，精神也就渐渐放下了。有的因为历时长久，自然地惰性发作，由少数演为多数，到风气养成，虽有大力，无法扭转，并且无法补救。也有为了区域一步步扩大了，它的扩大，有的出于自然发展，有的为功业欲所驱使，强于发展，到干部人才渐见竭蹶，艰于应付的时候，环境倒越加复杂起来了，控制力不免趋于薄弱了。一部历史，‘政怠宦成’的也有，‘人亡政息’的也有，‘求荣取辱’的也有，总之没有能跳出这周期率。”“中共诸君从过去到现在，我略略了解的了。就是希望找出一条新路，来跳出这周期率的支配。”毛泽东肃然相答：“我们已经找到了新路，我们能跳出这周期率。这条新路，就是民主。只有让人民起来监督政府，政府才不敢松懈。只有人人起来负责，才不会人亡政息。”新中国的成立，也是新型民主制度探索的开始。

人民共和国公民对于任何国家机关和国家工作人员，有提出批评和建议的权利；对于任何国家机关和国家工作人员的违法失职行为，有向有关国家机关提出申诉、控告或者检举的权利，但是不得捏造或者歪曲事实进行诬告陷害。对于公民的申诉、控告或者检举，有关国家机关必须查清事实，负责处理。任何人不得压制和打击报复。”公民行使建议权和监督权的方式很多。例如，可以通过人大代表或直接向全国人大常委会和地方人大常委会反映；可以采用书信、电子邮件、电话、走访等形式，向有关部门举报或反映；可以通过电视、广播、报刊等媒体进行监督，以此行使一个公民的基本权利，履行公民的神圣义务。

当然，任何民主必须是有秩序的。稳定的秩序是民主制度的保障。我们在关心国家大事，积极参与政治生活，行使建议权和监督权的过程中，要符合法律的要求和规定。例如，在行使监督权时，要以事实为依据，实事求是地反映真实情况。在投诉和举报时，决不能捏造和歪曲事实，不能诬告陷害，也不能采用聚众闹事、张贴大字报等违法方式。

文明：
社会进步的重要标志

文明，意味着高度繁荣的文化、良好的秩序、优美的环境、淳朴的风气，以及人与人之间保持诚信友善的关系。在文明的国度，每个人应该拥有良好的文化修养，积极向上的精神风貌。

源远流长的中华文化

中国是文明古国，在数千年的历史长河中，创造了灿烂辉煌和绵延不绝的中华文化传统，为人类发展进步做出了巨大贡献，其中许多思想和精神至今仍熠熠生辉，影响着一代又一代的中华儿女，也对人类的进步和世界文化的

重要论述

习主席谈“中华文明”

中国是有着悠久文明的国家。在世界几大古代文明中，中华文明是没有中断、延续发展至今的文明，已经有5000多年历史了。我们的祖先在几千年前创造的文字至今仍在使用。2000多年前，中国就出现了诸子百家的盛况，老子、孔子、墨子等思想家上究天文、下穷地理，广泛探讨人与人、人与社会、人与自然关系的真谛，提出了博大精深的思想体系。他们提出的很多理念，如孝悌忠信、礼义廉耻、仁者爱人、与人为善、天人合一、道法自然、自强不息等，至今仍然深深影响着中国人的生活。中国人看待世界、看待社会、看待人生，有自己独特的价值体系。中国人独特而悠久的精神世界，让中国人具有很强的民族自信心，也培育了以爱国主义为核心的民族精神。

——习近平（中华人民共和国主席）

发展产生了深远影响。

文字是文明起源的重要标志。甲骨文的发现表明，在商朝早期，就出现了刻在龟甲和兽骨上的古老文字。在商代，国王在做任何事情之前都要占卜，占卜的人或叫巫师，把自己的名字、占卜的日期、要问的问题都刻在甲骨上，然后用火灶烧甲骨，甲骨受热出现的裂纹就称为“兆”。巫师对这些裂纹的走向加以分析，得出占卜的结果，并把占卜是否应验也刻到甲骨上。经过占卜应验之后，这些刻有卜辞的甲骨就成为一种官方档案保存下来。在此基础上，汉字就形成并且演化发展起来。

中国文化是与周边相互交流中得以丰富和发展的。公元前 100 多年，中国就开始开辟通往西域的丝绸之路。汉代张骞于公元前 138 年和前 119 年两次出使西域，向西域传播了中华文化，也引进了葡萄、苜蓿、石榴、胡麻、芝麻等西域物产及文化成果。西汉时期，中国的船队就到达了印度和斯里兰卡，用中国的丝绸换取了琉璃、珍珠等物品。中国唐代是中国历史上对外交流的活跃期。据史料记载，唐代中国通使交好的国家多达 70 多个，那时候的首都长安里来自各国的使臣、商人、留学生云集成群。这样的大交流促进了中华文化远播世界，也促进了各国文化和物产传入中国。15 世纪初，中国明代著名航海家郑和七次远洋航海，到了东南亚很多国家，一直抵达非洲东海岸的肯尼亚，留下了中国同沿途各国人民友好交往的佳话。明末清初，中国人积极学习现代科技知识，欧洲的天文学、医学、数学、几何学、地理学知识纷纷传入中国，开阔了中国人的知识视野。之后，中外文明交流互鉴更是频繁展开，这其中有冲突、矛盾、疑惑、拒绝，但更多是学习、消化、融合、创新。中国的造纸术、火药、印刷术、指南针四大发明带动了世界变革，推动了欧洲文艺复兴。中国哲学、文学、医药、丝绸、瓷器、茶叶等传入西方，渗入西方民众的思想和日常生活之中。

故事

鉴真东渡

唐朝时，很多中国人为中日两国人民的交流做出了贡献。他们当中，最突出的是高僧鉴真。他不畏艰险，东渡日本，讲授佛学理论，传播博大精深的中国文化，促进了日本佛学、医学、建筑和雕塑水平的提高，受到中日人民和佛学界的尊敬。

纵观人类文明的发源地，那些曾经与中华文明相伴而行的古老文明，有的衰落了，有的消亡了，有的融入了其他文明。唯独中华文明没有中断，至今绵延不绝、一脉相承。中华文明之所以薪火相传，是因为中华文明拥有海纳百川的胸襟，具有兼容并蓄，博采众长的价值取向，从而在与各个文明形态的相互借鉴中不断发展。另外，中华文明强调革新，始终保持与时俱进的可贵品格。“苟日新，日日新，又日新”“周虽旧邦，其命维新”“日新之谓盛德，生生之谓易”“穷则变，变则通，通则久”，这些就充分表现了中国人不断变化、不断更新、与时俱进的思想特征。当今，中国令世人瞩目的改革开放，就是中国人不断自新自强传统的时代体现。

自强不息的民族精神

在数千年的历史中，中华民族形成了以爱国主义为核心的团结统一、爱好和平、勤劳勇敢、自强不息的民族精神。

中国辽阔的版图不是靠征服，而是基于文化的凝聚力。中华民族是由五十六个民族组成的大家庭，具有高度一致的整体感、责任感和忠实于国家民族整体利益的价值取向，以及各个民族之间和睦相处、友好相待、共赴国

历史

土尔扈特部东归

土尔扈特是中国蒙古族中一个古老的部落。早在明朝末年，土尔扈特人为了寻找新的生存环境，部族中的大部分人离开新疆故土，越过哈萨克草原，渡过乌拉尔河，来到伏尔加河下游、里海之滨，建立起游牧民族的封建政权土尔扈特汗国。土尔扈特人在伏尔加河流域，生活了140多年，到了18世纪60年代，由于沙俄帝国的侵略扩张，使他们再也无法生活下去，他们决心返回故土。乾隆三十六年（1771年），土尔扈特部首领渥巴锡为摆脱沙俄压迫，率领部众发动了武装起义，并冲破沙俄重重截击，历经千辛万苦，胜利返回祖国。土尔扈特部的回归为巩固中华统一的多民族国家，写下了可歌可泣的光辉篇章。

难、共渡难关的优良传统。从遥远的古代起，中国各族人民就建立了紧密的政治经济文化联系，两千多年前就形成了幅员广阔的统一国家。悠久的中华文化，成为维系民族团结和国家统一的牢固纽带。团结统一，深深印在中国人的民族意识中，是中华民族的立身之本。中国历史上虽曾出现过暂时的分裂现象，但民族团结和国家统一始终是中华民族历史的主流，是中国发展进步的重要保障。

中华民族历来以爱好和平著称于世，被誉为“礼仪之邦”。在中国传统文化中，蕴含着丰富的和平思想，主张“和为贵”“亲仁善邻”“讲信修睦”“协和万邦”，使中华民族形成了热爱和平、不尚暴力的思想性格。中华民族联欧亚，开辟丝绸之路；通亚非，郑和七下西洋；历万难，玄奘印度取经；为传经，鉴真东渡扶桑……这些典型的事例，是中华民族爱好和平，主动与其他国家和民族友好相处的历史见证。

“天道酬勤”“克勤于邦，克俭于家”“民生在勤，勤则不匮”“仁者必有勇”“见义勇为”，这些是我们民族一直信奉的古训。从古至今，勤劳勇敢贯穿于中华民族社会生活的各个领域，表现在中华民族言行的各个方面，鲜明地体现了中华民族的道德精神和民族性格。正是依靠这种精神，中国人民战胜了无数的艰难险阻，创造了一个又一

如何看

何为“和平共处五项原则”？

1953 年 12 月 31 日，周恩来总理在同印度政府代表团谈话时，提出了国家之间和平共处的五项原则：互相尊重主权和领土完整，互不侵犯，互不干涉内政，平等互利和和平共处。五项原则不仅成为中国奉行独立自主和平外交政策的基础，而且也被世界上绝大多数国家接受，成为规范国际关系的重要准则。

个的人间奇迹，缔造了令世人惊叹的灿烂文明。

中华民族自古以来就有“天行健，君子以自强不息”的民族品格，有“富贵不能淫、贫贱不能移、威武不能屈”的坚贞刚毅精神，有“夸父逐日”“大禹治水”“精卫填海”的不屈不挠的精神，有“因时而变”“与时偕行”“与日俱新”的开拓进取精神。中华民族所以能历经挫折而不屈，屡遭坎坷而不馁，不断取得新的胜利，靠的就是这种自强不息的精神。

中国共产党自成立以来，在领导全国各族人民进行革命、建设和改革的实践中，为民族独立、国家富强、人民幸福，做出了艰苦卓绝的努力，形成了自己的优良传统，丰富和发展着民族精神，先后培育了井冈山精神、长征精神、延安精神、抗战精神、西柏坡精神、雷锋精神、“两弹一星”精神、大庆精神、抗洪精神、抗击非典精神、载人航天精神、抗震救灾精神等。这些精神，继承和发扬了中华民族的优良传统，集中反映了中国人民在中国共产党领导下意气风发、一往无前、奋发图强的精神面貌，使中华民族精神得到前所未有的发扬光大，中华民族精神进入了一个崭新的发展阶段。

走文化强国之路

人类文明进步的历史充分表明，没有生机勃勃的文化，没有精神世界的极大丰富，没有全民族精神力量的充分发挥，一个国家、一个民族不可能屹立于世界民族之林。中国人为中华民族的文化传统而骄傲，都自觉做中华优秀文化的传承者、弘扬者，用自己的行动浇灌灿烂的精神文明之花。

中华民族以自己的聪明才智和卓越创造，曾创造出了世界上最辉煌灿烂的古代文明，长期走在世界的前列，为

重要论述

习主席谈“中国优秀传统文化”

世界上一些有识之士认为，包括儒家思想在内的中国优秀传统文化中蕴藏着解决当代人类面临的难题的重要启示，比如，关于道法自然、天人合一的思想，关于天下为公、大同世界的思想，关于自强不息、厚德载物的思想，关于以民为本、安民富民乐民的思想，关于为政以德、政者正也的思想，关于苟日新日日新又日新、革故鼎新、与时俱进的思想，关于脚踏实地、实事求是的思想，关于经世致用、知行合一、躬行实践的思想，关于集思广益、博施众利、群策群力的思想，关于仁者爱人、以德立人的思想，关于以诚待人、讲信修睦的思想，关于清廉从政、勤勉奉公的思想，关于俭约自守、力戒奢华的思想，关于中和、泰和、求同存异、和而不同、和谐相处的思想，关于安不忘危、存不忘亡、治不忘乱、居安思危的思想，等等。中国优秀传统文化的丰富哲学思想、人文精神、教化思想、道德理念等，可以为人们认识和改造世界提供有益启迪，可以为治国理政提供有益启示，也可以为道德建设提供有益启发。对传统文化中适合于调理社会关系和鼓励人们向上向善的内容，我们要结合时代条件加以继承和发扬，赋予其新的涵义。

——节选自习近平《在纪念孔子诞辰2565周年学术研讨会上的讲话》

世界文明做出了不可磨灭的贡献。中华文化源远流长，积淀着中华民族最深层的精神追求，代表着中华民族独特的精神标识，为中华民族生生不息、发展壮大提供了丰厚滋养。对传统文化中包含的有益成分，我们要大力吸收，把这些思想精华熔铸成推进现代化建设的强大精神力量，让中华民族的优秀传统文化在社会主义现代化建设中获得新生，焕发新的光彩。

文化传承创新是每个中国人的责任，建设文化强国需要每个人努力奋斗。如果说中华文化是中华民族延续的血脉，那么民族精神就是中华民族自立于世界民族之林的精神基石。弘扬和培育伟大的民族精神，既表现在国家安危、民族存亡的紧要关头，能够挺身而出、舍生忘死、前赴后继；也表现在他人生命、财产遇到危难的关键时刻，能够见义勇为、扶危济困、无私奉献；还更多地表现在日常的学习工作中，能够爱岗敬业、勤勤恳恳、任劳任怨。平凡之中见伟大，细微之处见精神。千里之行，始于足下。我们每一个人都要坚持从自己做起，从现在做起，从一点一滴做起，把对祖国、对人民深沉的爱，把个人的远大理想和抱负，化作砺志图强、报效祖国的实际行动，为建构民族精神大厦尽自己的一分力量。

建设文化强国，需要不断学习和吸收国外先进文化的有益成果。文明因交流而多彩，文明因互鉴而丰富。中华文明是在中国大地上产生的文明，也是同其他文明不断交流借鉴而形成的文明。中华民族在漫长历史进程中，不断学习他人的长处，集中了人类文明的一切积极成果，并在全新的基础上发扬光大。佛教产生于古代印度，但传入中国后，经过长期演化，佛教同中国儒家文化和道家文化融合发展，最终形成了具有中国特色的佛教文化，给中国人的宗教信仰、哲学观念、文学艺术、礼仪习俗等留下了深刻影响。中国音乐、绘画、文学等也不断吸纳外来文明的优长。中国传统画法同西方油画融合创新，形成了独具魅力的中国写意油画，徐悲鸿等大师的作品受到广泛赞赏便是一个明证。

近现代中国和世界各国的历史都一再证明，拒绝吸取和借鉴外国的先进的文明，任何国家、民族要取得进步和发展都是不可能的。中国的发展离不开世界，她正以开阔的视野，健康的心态，包容万物的博大胸怀，吸收和借鉴世界各国人民创造的先进成果，通过交融整合、吸收创新，不断充实、丰富和发展自己。当然，对待国外的文明成果，中国既反对妄自尊大、盲目排外的自我封闭主义，又反对不加批判分析、全部吸收的全盘西化论，旗帜鲜明地反对“西方文明至上论”。对于国外文化，我们应该有选择地吸收，有批判地借鉴，取其精华，去其糟粕。

文化有健康、先进和腐朽、落后之分。各种带有迷信、愚昧、颓废、庸俗等色彩的文化，它通常以传统习俗的形式表现出来，如看相、算命等，我们对其态度是通过科学文化教育，予以改造和剔除。腐朽文化是指封建主义、资本主义的腐朽思想、殖民文化、邪教思想、色情文化等，我们对其态度是坚决抵制，依法取缔。对于中华优秀传统文化，我们应该进行创造性转换和创新性拓展。我们还应

重要论述

毛主席这样说

我们不但要把一个政治上受压迫、经济上受剥削的中国，变为一个政治上自由和经济上繁荣的中国，而且要把一个旧文化统治因而愚昧落后的中国，变为一个被新文化统治因而文明先进的中国。

——毛泽东（1893–1976，中国无产阶级革命家、战略家和理论家）

该弘扬革命文化传统，把中国特色社会主义先进文化不断推向未来。只有面向未来发展的方向，才能把握先进文化发展的脉动与节奏。

建设文化强国更应体现在国民的美德和文明之上。在5000年的历史长河中，中华民族不仅创造了灿烂的文化，还形成了系统的道德准则、完整的礼仪规范和高尚的美德，被世人称为“文明古国，礼仪之邦”，中国人也以其彬彬有礼的风貌而著称于世。对于这一点，唐朝的孔颖达说:“中国有礼义之大，故称夏；有服章之美，谓之华。华、夏一也。”在语义上说，如果说“中国”更多地属于地域的范畴，“华夏”则更体现某种文化共同体的意义，而维系这个共同体并引导它繁荣、进步的价值基础，是“礼”和“义”。两千多年来，“礼仪之邦”是中国无数仁人志士、圣君贤相所崇尚和追求的社会范式，也经由他们长期努力而成为文明的现实。进入新时代，中国人越来越重视社会文明建设，倡导人人遵守社会秩序，讲究社会公德，弘扬真善美，贬斥假恶丑，言谈举止要文明，切实体现中国人的礼仪风范，推动我们的民族越来越文明。

中国古人如何看待礼仪？

一个人的仪表、仪态，是其修养、文明程度的表现。古人认为，举止庄重，进退有礼，执事谨敬，文质彬彬，不仅能够保持个人的尊严，还有助于进德修业。古代思想家曾经拿禽兽的皮毛与人的仪表仪态相比较，禽兽没有了皮毛，就不能为禽兽；人失去仪礼，也就是不成为人了。古人对仪表的要求，不免过于烦琐。其中最重要的，有以下三个方面。

（一）衣着容貌。《弟子规》要求："冠必正，纽必结，袜与履，俱紧切"。（二）行为举止。孔子说："君子不重则不威，学则不固。"（三）言语辞令。古人言"修辞立其诚，所以居业也"，并且要"言必信，行必果"。

和谐：
大同世界的社会理想

和谐，是指人与自然、人与人、人与社会协调相处且相辅相成的状态。建设一个民主法治、公平正义、诚信友爱、充满活力、安定有序、人与自然和谐相处的和谐社会，是中国人民的期盼与理想。

社会和谐是人类的美好理想

建设和谐美好的社会，是人类孜孜以求的理想。孔子说过“和为贵”，孟子描绘了“老吾老以及人之老，幼吾幼以及人之幼”的社会状态。到了近代，太平天国运动的领袖洪秀全提出要建立“有田同耕，有饭同食，有衣同穿，有钱同使，无处不均匀，无人不饱暖”的理想社会；维新派代表康有为提出要建立一个“人人相亲，人人平等，天下为公”的美好社会；民主革命先行者孙中山更是提出要创立“人能尽其才，地能尽其利，物能尽其用，货能畅其流”的大同世界等等。两千多年来，人们从不同角度对“小康社会”“大同社会”的描述，反映了人们对和谐社会的向往和追求。

在西方，古希腊哲学家毕达哥拉斯提出“和谐最美”，柏拉图提出“公正即和谐”，赫拉克利特讲过“对立和谐观”，等等。近现代以来，西方学者也先后提出一些关于社会管理的思想和理论，比如协和社会论、结构功能论、社会系统论等，都蕴含着许多关于社会和谐的思想。

马克思主义产生之前的空想社会主义，也是以社会和谐的蓝图为主旨的。1803 年，法国空想社会主义者傅立叶发表《全世界和谐》一文，指出现存资本主义制度是不合理的，必将为“和谐制度”所代替。1824 年，英国空想社会主义者欧文在美国印第安纳州进行的共产主义试验，也以“新和谐”命名。1842 年，德国空想共产主义者魏特林在《和谐与自由的保证》一书中把社会主义社会称为“和谐与自由”的社会，并指出新社会的“和谐”是“全体和谐”。

如何看

何为“和而不同”？

据记载，最早将和谐作为哲学概念使用的是西周的太史伯。《国语》记载，太史伯在与郑桓公分析天下大势时讲道：“夫和实生物，同则不继。”所谓“和实生物”，就是讲究和谐的力量和作用，金木水火土相协调能生成万物，五种滋味相调和能调出好的口味，六种音律相配和能奏出动听的乐章；而“同则不继”是指一己之力无法达到完好的效果，正如一种声调奏不出美妙动听的音乐，一种颜色构不成绚烂夺目的色彩，一种味道算不上是美味佳肴，一种物体无法对它做优劣的评判。因此，和谐并不是追求无差别的同一，相反，它讲求多样性事物的统一。

马克思、恩格斯对未来社会的发展方向做出了科学设想。《共产党宣言》中明确提出：“代替那存在着阶级和阶级对立的资产阶级旧社会的，将是这样一个联合体，在那里，每个人的自由发展是一切人的自由发展的条件。”按照马克思、恩格斯的设想，未来社会将在打碎旧的国家机器、消灭私有制的基础上，消除阶级之间、城乡之间、脑力劳动和体力劳动之间的对立和差别，极大地调动全体劳动者的积极性，使社会物质财富极大丰富、人民精神境界极大提高，实行各尽所能、各取所需，实现每个人自由而全面的发展，在人与人之间、人与自然之间都形成和谐的关系。

和谐稳定是社会发展的条件

每个人都希望生活在一个安全稳定、和谐温馨的社会中，大家彼此信任，友好相处，相互帮助。在这样的环境中，人们才能身心健康、心情舒畅地生活与工作。

一个国家，如果缺失了最关键、最起码的稳定因素，就会陷入政治混乱和社会动荡。没有稳定的环境，国家、社会、个人的发展都无从谈起。“利莫大于治，害莫大于乱。”谋富裕、求发展、思稳定、盼和谐，这是中国人民的共同意志。

构建和谐社会，就是要实现人与人、人与社会、人与自然的和谐。中国要建设的和谐社会，是民主法治、公平正义、诚信友爱、充满活力、安定有序、人与自然和谐相

重要论述

邓小平谈"稳定"

中国的问题，压倒一切的是需要稳定。没有稳定的环境，什么都搞不成，已经取得的成果也会失掉。

处的社会。民主法治，就是社会主义民主得到充分发扬，依法治国基本方略得到切实落实，各方面积极因素得到广泛调动；公平正义，就是社会各方面的利益关系得到妥善协调，人民内部矛盾和其他社会矛盾得到正确处理，社会公平和正义得到切实维护和实现；诚信友爱，就是全社会互帮互助、诚实守信，全体人民平等友爱、融洽相处；充满活力，就是能够使一切有利于社会进步的创造愿望得到尊重，创造活动得到支持，创造才能得到发挥，创造成果得到肯定；安定有序，就是社会组织机制健全，社会管理完善，社会秩序良好，人民群众安居乐业，社会保持安定团结；人与自然和谐相处，就是生产发展，生活富裕，生态良好。

努力构建和谐发展的国度

创造和谐安定的环境，需要我们每个人的努力，从自己做起，从身边的事情做起。实际上，和谐的前提是人的内心世界的和谐。

学会做情绪的主人，做到身心和谐。在生活中，我们难免会遇到压力和挫折，带来自己情绪上的波动。要学会排解不良情绪，舒缓内心的压力，善于消除不良情绪，葆有积极情绪，使自己身心的健康和谐。

学会欣赏、接纳他人，与人和谐相处。“君子和而不同”。有修养的人，既能够宽容和理解对方，与他人和睦相处，又不必在具体意见上去苟同于人、勉强自己与他人的意见一致。在学习和生活中，我们会遇到与自己志同道合的人，还会遇到许多与自己性格或意见不同的人。正是人们彼此之间的矛盾与调和、对比与映衬、冲突与融合、碰撞与交流，才交相辉映地构成了一个社会的无穷活力。我们要善于与自己性格不同的人相处，欣赏、接纳和学习别人的长处。

中国自古就有“以和为贵”的思想，主张人与人之间要以团结互助、友好相处为最高境界。推而广之，中国人也主张协和万邦、和而不同，不同国家和文明之间应该相互尊重、和平共处。人类在漫长的历史长河中，创造和发展了多姿多彩的文明。我们生活的这个星球上，有 70 多亿人口，200 多个国家和地区，2500 多个民族，5000 多种语言，有基督教、天主教、伊斯兰教、佛教和道教等多种宗教。正是这些不同文明的相互依存、相互交流、相互借鉴、相映生辉，才构成今天这个丰富多彩的世界。无论历史上还是当今的改革开放，表明中国人乐于从不同文明中寻求智慧、汲取营养，携手解决人类共同面临的各种挑战。

而西方某些人的行为，中国人的确难以理解。譬如 2019 年 1 月 28 日《纽约时报》有篇文章披露，美国政府正在威逼盟友抵制华为参与建设 5G 网络。美国人的思维是，只能我赢你输，不能我输你赢，而且他们无法理解合作共赢。他们只考虑自己的霸权，而不考虑人类的文明进

重要论述

《礼记·中庸》

万物并育而不相害，道并行而不相悖。

（这句的含义是，万物同时生长而不相妨害，日月运行四时更替而不相违背。）

步。中国人的思维方式是追求“和而不同”、和谐共生的状态。比如，中国讲究阴阳平衡和相辅相成，中国的太极图就是你中有我、我中有你，相克相生的图景。西方的线性机械思维似乎无法理解中国的并行不悖的价值取向，他们往往把竞争看作是零和关系。不论怎样，解决思维方式之间的误解，世界需要更多的相互交流与理解。

学会与自然和谐相处。自然是我们的家园，并非我们的征服对象。我们不能为了人类的虚假利益而盲目开发自然，要与自然友好相处、和谐共生。面对环境污染严重、生态退化的严峻形势，我们必须树立尊重自然、顺应自然、保护自然的理念。人类不能毫无节制地开发自然和剥夺自然，相反，要合理开发和利用自然资源，保护自然环境，维护自然的平衡，促进大自然按其自身规律向前发展，以造福人类，实现与大自然和平相处、和谐共生。

生态兴则文明兴，生态衰则文明衰。古今中外许多事例都证明了这一点。古埃及、古巴比伦、玛雅文化和中国古代的楼兰古国等文明形态，都发源于生态适中的地域。它们之所以最终衰落，其中一个主要原因就在于它们赖以生存的生态环境遭到了根本性破坏。比如，玛雅文明消失的直接原因就在于，随着生产力的发展和人口的激增，森林被过度砍伐，造成严重水土流失，使人民失去了生存之本。其他古老文明的情形也大致类似。

多年来，中国推进经济社会发展，取得了显著成绩，也出现了不少新的问题：一是资源约束趋紧，400 多座矿山因资源枯竭濒临关闭；二是环境污染严重，全国受污染的耕地多达上千万公顷，1.9 亿人的饮用水中有害物质含量超标，雾霾等极端天气频发；三是生态系统退化，全国水土流失面积占 37%，荒漠化土地占 27.4%，生物多样性下降。一组组数据给我们敲响了警钟：这样的局面再不下

重要论述

恩格斯谈“人类与自然界”

我们不要过分陶醉于我们人类对自然界的胜利。对于每一次这样的胜利，自然界都对我们进行报复。每一次胜利，起初确实取得了我们预期的结果，但是往后和再往后却发生完全不同的、出乎预料的影响，常常把最初的结果又消除了。

——恩格斯（1820—1895，马克思主义创始人之一、德国思想家、哲学家）

决心扭转，后果将不堪设想。

我们既要绿水青山，也要金山银山。江山秀美才是我们的根本利益所在。有时候，宁要绿水青山，不要金山银山，而且绿水青山就是金山银山。走向生态文明新时代，建设美丽中国，是实现中华民族伟大复兴中国梦的重要内容。保护自然环境就是保护人类，建设生态文明就是造福人类。保护生态环境，关系最广大人民的根本利益，关系中华民族发展的长远利益，是功在当代、利在千秋的事业。

“自由、平等、公正、法治”是对中国社会层面的价值要求，表达了当代中国人民的心声，回答了要建设什么样的社会这一重大问题。自由是人类的天性，人类追求自由，就像享受阳光、呼吸空气一样，与生俱来。在当代中国，人们的平等权获得了宪法和法律的有效保障。公正，是国家和社会的根本价值理念。法治，是治国理政的基本方式，它通过法制建设来维护和保障公民的根本利益，是实现自由平等、公平正义的制度保证。

第二章

建设自由、平等、公正、法治的社会

自由：人类的共同追求

自由是人类的天性，人类追求自由，就像享受阳光、呼吸空气一样，与生俱来。每个人都有自己的个性，都希望生活在一个自由的社会中，按照自己的意志生活；每个人都希望不受他人的奴役和支配，能够按照自己的意愿、兴趣和爱好，充分展示和发展自己的个性，实现自由全面发展。

自由乃人的尊严之基础

一部人类史就是追求自由的历史。屈原的千古名句“路漫漫其修远兮，吾将上下而求索”，道出了追求自由的执着和沧桑，这与欧洲追求自由的思想是相同的。譬如，古罗马奴隶起义领袖斯巴达克喊出：“宁可为自由战死，决不给主人卖命！”诗人裴多菲激昂的诗句写道：“生命诚可贵，爱情价更高，若为自由故，二者皆可抛。”这些都洋溢出自由的价值和珍贵。中国当代伟人毛泽东在《沁园春·长沙》词中表现出“万类霜天竞自由”的心境，也是中国人民自由本性的呐喊。

尽管中国人对自由的理解与西方人有所不同，但中国人历来不乏反抗专制暴政的斗争事例。独断专横、飞扬跋扈的统治者唯我独尊、刚愎自用，是失去天命的暴君，可以用革命的手段加以推翻。中国人追求独立的、不徇流俗的独立人格，崇尚自在、自得、自适、自乐的悠然心境。在几千年的历史长河中，产生了很多追求自由的动人故事。汉末叙事长诗《孔雀东南飞》，就热情歌颂了主人公刘兰芝、焦仲卿夫妇忠于爱情、反抗压迫的自由精神，寄托了人们对婚姻自由的热烈向往。

中国近代民族资产阶级在反对封建专制制度的过程中，也响亮提出了追求自由的口号。无论是邹容“竖独立之旗，撞自由之钟”的呐喊，还是孙中山“致力国民革命凡四十年，其目的在求中国之自由平等”的遗嘱，无不清楚地体现了这一点。无数的仁人志士、普通百姓用热血和生命谱写了一曲又一曲的自由之歌，彰显了自由价值的崇高与伟大。

自由与秩序相辅相成

自由既是一个古老而常新的话题，也是一个既简单又复杂的话题。人们对自由的理解众说纷纭、莫衷一是。有人对它热情讴歌，有人却愤然控诉它的罪恶。毕生为自由理想而奋斗，最终又被以自由的名义送上断头台的法国罗兰夫人，在临刑前从心底里迸发出对自由近乎绝望的感慨，喊道："自由啊！自由！多少罪恶在你的名义下进行！"

有人认为自由就是率性而为，无拘无束；有人则认为无规矩不成方圆，自由离不开法律和社会的规约。实际上，自由离不开秩序，没有稳定有秩序的社会，人就不可能有自由的生活。

在哲学上，自由是指人们对必然的认识和对客观世界的改造。自由不在于摆脱客观规律的约束而独立，而在于认识客观规律，利用客观规律。只有认识和掌握了客观的必然性，人类才会有自由。反之，违背必然规律的所谓"自由"，不是真正的"自由"，而是盲目的行动或任性。

在政治上，自由主要是指公民享有的合法权利。自由

事件

人权入宪

1999年有关“依法治国”基本方略写入宪法之后，“人权入宪”提上日程。2004年3月14日，第十届全国人民代表大会第二次会议通过了《中华人民共和国宪法修正案》，把“国家尊重和保障人权”写入宪法，作为宪法第二章《公民的基本权利和义务》中第33条的第三款。2007年，党的十七大将“尊重和保障人权”写入了《中国共产党章程》。“人权入宪”后的几年间，中国坚持以人为本、立法为民的原则，相继颁布了《中华人民共和国物权法》《中华人民共和国劳动合同法》《中华人民共和国就业促进法》《中华人民共和国劳动争议调解仲裁法》等重要法律，加大了对公民基本人权的保护，基本建立起了以宪法为核心的保障人权的法律体系。

是指人们在法律规定的范围内拥有自由行动、不受限制的权利。自由的反面，是通过暴力、奴役、恐吓等手段限制人的意志和行动。中国宪法就规定，公民享有言论、出版、集会、结社、游行、示威的自由，享有宗教信仰自由，公民的人身自由、人格尊严、住宅不受侵犯，公民享有对于任何国家机关和国家工作人员提出批评和建议的权利等等。公民的这些自由权利，其他公民、国家、社会不能以一些随意的借口加以侵犯。但是，任何人也不能以自由的名义恣意妄为。自由不是摆脱社会规范而成为天马行空的独行侠，而是在社会秩序的保障下与其他人合作，创造美好的生活

正确对待自由权利

自由对于每个人都是不可或缺的。没有自由，就没有丰富多彩的世界和人生。每个人有权按照自己的需要、想法，自主地进行自我选择、自我设计和自我创造，追求自己的幸福人生。同样的生活方式，不同的人会有不同的认识，有着不同的情感体验，做出不同的价值判断。选择适合自己的生活方式，对每个人而言具有重要的意义和价值。世界上没有完全相同的两片树叶，也没有完全相同的两个人，正是人的个性差异，才构成了丰富多彩的世界；

正是男女的性别区分，才有了流传千古的爱情，才有了阳刚之健美、温柔之秀美，才有了勇敢与忠贞；正是智力天赋的差异，才有了笨鸟先飞的自强不息，才有了大器晚成的人生佳话。假如世界千篇一律，就没有多姿多彩可言。也正因为这样，我们可以说，差异、个性是宝贵的资源。

没有自由，生命缺少尊严。尊严是人之为人的根据。人之所以为人，就在于人有其作为自由自主的人的尊严、地位和价值。人格尊严，就是公民作为一个人享有最与社会发展相适应的基本社会权利，并且应受到他人最起码的尊重。人有自我尊重、被别人尊重的需求，不仅自己有这种需要，他人同样也有这种需求。人需要被认可，需要从事可以给人感觉有贡献、被接纳和有自我价值感的职业。人的这一需要被满足后，会对自己充满信心，对社会满腔热情，会体验到自己生命的意义和价值；相反，如果这种需求长期得不到满足，就会导致自卑感，甚至引发反社会的不良情绪和举动。

人格尊严与自由紧密相关。试想：如果生活在外敌的军事占领下，连生命都没有保障，还能够奢谈自由吗？如果我们的人身安全得不到保障，随时都面临着暴力、奴役、恐吓的威胁，被随意地拘禁审查，在法庭上得不到合理的辩护和公正的审判，那么人将会感到无助、脆弱，会对未来产生绝望感；如果一个人的财产被随意侵占，如果一个人的房屋被随意地拆迁，那么他或她将失去在这个社会中生存下去的基本依托；如果没有思想自由和言论自由，人就不能充分和自由地表达观点，不能对不同的意见提出质疑，个体丰富的思想情感将得不到表达，世界因此将会只有一种声音，多彩的世界将会变得灰暗而单调；如果缺少福利权，强者会越来越强，弱者则越来越弱，流浪街头，无依无靠，全凭乞讨为生，弱者还有什么人格尊严可言。因此，尊严意味着自由，意味着权利，只有在个体的权利得到尊重、保障和实现的社会里，人才能生活得富有尊严。

没有自由，就没有创新和活力。自由是创新的源泉，没有了自由，创新的种子就难以发芽。没有自由，社会就没有活力，没有发展和进步。社会的发展进步有赖于一个个富有创新性人才的涌现。研究认为，富有创新的人才大致具有下列明显的个性特征：有强烈的好奇心、旺盛的求知欲；有极强的自主性、独立性和自觉性；富有怀疑和批判精神；不迷信和盲从他人，喜欢独辟蹊径；具有丰富的想象力和敏锐的直觉力；思维敏捷、灵活、流畅，爱好标新立异；具有百折不挠的坚强意志、勇于探索的冒险精神；具有开阔的眼界和广博的知识，善于融会贯通、触类

故事

钱学森：创新精神是“玩”出来的

钱学森早年就读于北京师范大学附中。当时，附中的学生没有考试追高分的压力，他们把大量的时间用来“玩”。所谓的“玩”，就是读课外书、动手做实验和外出实践。

钱老1984年接受北京师大附中教师访问时说，当时附中的选修课很多，“每天中午大家吃午饭时，在教室里互相交谈感兴趣的各种科学知识，数学的、物理的、化学的，什么都有……”

那个时候，附中的老师们也是这样教育学生。例如，著名数学教师傅仲孙先生提倡创新，在给学生的测验评分时独出心裁，如果出5道题，学生都答对了，但解法平淡，只给80分；如果答对4道，但解法有创新，就给100分，还要另加奖励。

旁通等等。总之，大凡中外历史上有成就的科学家、发明家、思想家、文学家、艺术家，无不有崇尚自由的鲜明个性。只有在自由宽松的环境中，才能有独具个性和创造力的人才成长的空间。为了培育富有创新性的人才，发挥他们的聪明才智，我们必须认真地对待自由权利，营造让人自由而全面发展的宽松氛围。

自由而全面的发展是人生的目标。经济与社会发展的目的是为了满足人的需要，实现人的全面发展。每个人都拥有平等的发展机会，各项权益和需求得到社会应有的尊重和保护，每个人的才能在社会中得到充分的发挥，通过接受教育与工作实践，不断提高文明素质与专业技能，从事个人喜爱的事业，这应该是社会发展的方向和目标。

正如诺贝尔奖得主阿马蒂亚·森在《以自由看待发展》一书中指出的，自由是发展的首要目的，自由也是促进发展的重要手段。财富、收入、社会现代化、GDP 的增长等，固然是社会追求的重要目标，但这些充其量只是发展的手段而已，从根本上说，它们是为人的福利、人的目的服务的。发展是涉及经济、政治、社会、价值观念等多方面的综合过程，是扩展人们享有真实自由的过程。发展，意味着消除贫困、人身束缚与各种歧视压迫，消除法治权利缺失和社会保障匮乏的状况，从而提高“人们按照自己的意愿生活的权利”的能力，即让每个人获得自由全面发展。正因为如此，中国政府才特别重视扶贫事业。

作为国家的公民，当代中国人民享有宪法和法律确认的广泛的公民权利。这些权利受到国家的保护，有物质的保障。我们每个人要珍视自己的自由权利，依法维护自己的合法权利，尊重他人的权利，以合法的方式行使权利。

珍爱自由权利。中国宪法明确规定“国家尊重和保障

如何看

“人权”写入《宪法》

2004 年，第十届全国人民代表大会第二次会议通过宪法修正案，将“国家尊重和保障人权”写入宪法，以国家根本大法的方式郑重宣告尊重和保障人权在中国的政治地位和法律地位，尊重和保障人权成为国家的政治理念和价值目标。由此，“人权”由一个政治概念提升为法律概念，尊重和保障人权的主体由党和政府提升为“国家”。

人权”。法律规定了每个公民拥有一些神圣不可侵犯的权利，划定了属于个人的神圣不可侵犯的领域；法律规定了国家权力机关在行使权力的时候，决不能侵犯公民的合法权利。当我们的权利受到侵犯时，要善于拿起法律的武器，寻求帮助。

依法行使自由权利。每个人的行为有边界、有底线，社会才有秩序。社会有秩序，人们才能自由行使权利。只有在秩序的前提下，才能真正实现自由，也只有在有序的基础上，公众才能充分享有参与权、表达权和监督权。真正的自由不是为所欲为，法律框架之下有秩序的自由才是真正的自由。为此，每个人在行使权利和享有自由的同时，必须遵守国家法律和法规，自觉维护社会秩序，不损害他人、集体、社会的利益。历史上，许多思想家对于自由与法律的关系都进行过精辟的阐述。自由就是从事一切对别人没有害处的活动的权利。每个人在行使权利时，必须尊重他人的权利和集体的权利，必须遵守国家的法律和法规，这是每个公民应尽的义务。一个人只有在不损害他人、集体、社会利益的前提下，才能享受广泛的权利。

言论自由不应该有双重标准。某些人自视师爷，经常想当然地认为中国没有言论自由，可是，2019 年 1 月 24 日加拿大驻华大使麦家廉就因为说了点事实——华为的孟晚舟有充分的法律依据对抗美国引渡，结果在西方舆论界掀起波澜，在压力面前他不仅被迫改口，而且被迅速撤销了职务。奇怪的是，西方舆论界怎么不抗议加拿大剥夺麦家廉的言论自由权呢？

自由的实现需要一个过程。一个国家自由的实现程度，总是与该国的政治状况、经济发展、历史传统、文化结构和整个社会的发展水平有很大关系。人的自由是和物质生产、社会进步相联系的。原始时代的人，开始时茹毛饮血，受着自然力的支配，是自然界的奴隶，后来制造和使用工具的本领扩大了，才逐步增强了改造自然的能力，人类才不断扩展自由的空间。马克思、恩格斯就指出："人们每次都不是在他们关于人的理想所决定和所容许的范围之内，而是在现有的生产力所决定和所容许的范围之内取

重要论述

毛主席这样说

世界上只有具体的自由，具体的民主，没有抽象的自由，抽象的民主。

——毛泽东

得自由的。”社会历史发展到什么程度，人的自由也就达到什么程度。在现实生活中，为了更好地实现自由，需要我们不断加强社会主义市场经济建设、民主政治建设、文化建设、社会建设和生态文明建设，不断提高社会发展水平，为人的自由全面发展创造良好的条件。随着经济社会的不断发展进步，人们将享有越来越多的自由权利。

平等：社会进步的基石

平等，这个神圣的字眼，千百年来，一直激励着广大人民为美好生活而不断努力。在中国，早在秦朝末年，陈胜、吴广农民起义，就曾向不平等的专制制度发起“王侯将相，宁有种乎”的呐喊。南宋钟相、杨幺等农民领袖，进一步提出“等贵贱，均贫富”的革命口号。太平天国运动将“有田同耕，有饭同食，有衣同穿，有钱同使，无处不均匀，无处不饱暖”作为社会纲领。这些口号和主张深得民心，得到了老百姓的拥护，凸显了平等的价值和意义。

物不平则鸣

无论是对每个人的成长和进步，还是对于社会的和谐与发展，平等都具有十分重要的意义。

平等是尊严的前提。每个人、每个群体、每个国家都有受到尊重的愿望，都渴望获得尊严。个体尊严的获得要以人与人平等为前提，没有平等人格，谈何人格尊严。如果一个人仅仅是另一个人的“会说话的工具”，任其呼来喝去、颐指气使，还有什么尊严可言？近代以来，中国人民对国家独立和民族尊严的苦苦追求，其中很重要的内容就是要求与世界各国平等交往，希望获得别国的尊重与认可。可是，积贫积弱的中国，没有与列强平等交往的资格，总是任人宰割、任人欺辱和蹂躏。国家和民族的尊严，以国家和民族的平等为前提，没有国家的独立，哪有民族尊严可谈？

平等是良好人际交往的基础。平等意味着在人际交往中，不以权压人、以强凌弱，不摆资格，不伤害和侵犯他人利益；人与人之间，相互尊重，平等协商。这种平等待人的态度是正常人际关系建立的前提，每个人都希望与尊重自己的人开展交往。相反，如果不尊重对方，使对方产生厌恶心理，就会失去交往的前提。我们在交往中会领悟到，要想得到别人的尊重，首先就要尊重别人。

平等是社会稳定的基石。唐代文学家韩愈说过：“大凡物不得其平则鸣。”物体因为放置得不平产生振动而发出声响，人遇到不平的事会发出不满的呼声。每个人的内心深处，都有渴望平等的强烈愿望。当人不被当作人看待而被视为低人一等的动物，当一个人应有的权利得不到承认或被随意地剥夺，当富人花天酒地而穷人沿街乞讨，当一个人处处受阻而没有任何上升发展机会，当一个群体不被另外的群体所尊重而难以获得公正的发展机会时，社会上充满的将是绝望、不满、仇恨、反抗。可以说，哪里有不平等，哪里就有呐喊；哪里有压迫，哪里就有反抗。

法律面前人人平等

根据中国的政治理念，人民既是社会的主人，又是国

重要论述

《论语》

有国有家者，不患寡而患不均，不患贫而患不安。

家的主人，社会成员平等地相互对待、平等地共同管理国家和社会。每个公民拥有平等的人格，享有平等的权利，享有平等的发展机会。

人格是一个人在社会中为了维护自己的生存和尊严所必备的人身权利，包括生命权、健康权、姓名权、肖像权、名誉权、隐私权，等等。人有贫富之分，知识多寡之别，但所有这些差别，都不能构成人格上的差别的理由。没有人天生就是奴隶，生来就低人一等；没有人天生就是主人，生来就高人一等。每个人都拥有独立的人格，拥有自己的思想意志，拥有获得别人尊重的权利。

在现代社会，人的社会权利是平等的。在当代中国，任何公民不分民族、种族、性别、职业、家庭出身、宗教

重要论述

学者这样说

只有人中人，没有人上人，也没有人下人。

——陶行知（1891 — 1946，

中国教育家、思想家）

如何看

中国宪法对“平等”的规定

《中华人民共和国宪法》第四条规定：“中华人民共和国各民族一律平等。国家保障各少数民族的合法的权利和利益，维护和发展各民族的平等、团结、互助关系。禁止对任何民族的歧视和压迫，禁止破坏民族团结和制造民族分裂的行为。”

第三十三条规定：“中华人民共和国公民在法律面前一律平等。任何公民享有宪法和法律规定的权利，同时必须履行宪法和法律规定的义务。”

第三十四条规定：“中华人民共和国年满十八周岁的公民，不分民族、种族、性别、职业、家庭出身、宗教信仰、教育程度、财产状况、居住期限，都有选举权和被选举权；但是依照法律被剥夺政治权利的人除外。”

第四十八条规定：“中华人民共和国妇女在政治的、经济的、文化的、社会的和家庭的生活等各方面享有同男子平等的权利。国家保护妇女的权利和利益，实行男女同工同酬，培养和选拔妇女干部。”

信仰、教育程度、财产状况、居住期限，都一律平等地享有宪法和法律规定的权利，平等地履行宪法和法律规定的义务；公民的合法权益一律平等地受到保护，对违法行为一律依法予以追究；在法律面前，不允许任何公民享有法律以外的特权，任何人不得强迫任何公民承担法律以外的义务，不得使公民受到法律以外的处罚。

企业家马云曾经是大学的英文教师，成为了中国的首富；来自河南农村的王宝强是一个“北漂”，后来成为了著名电影演员。“英雄不问出处，成功不靠背景”。机会平等属于所有的人，不分高低贵贱、穷富美丑，只要付出了足够的努力，满足了相应的条件，达到了规定的标准，都有同样的机会来赢取同样的社会职位，获得社会的承认。平等就是给所有人提供的机会均等。只要愿意学习，只要有能力，只要肯努力，就会与他人一起共享人生出彩的机会，梦想成真的机会，同祖国和时代一起成长和进步的机会。

人人都应享有人生出彩的机会

随着社会文明的不断进步，平等的观念日益普及。今天，平等这一观念已被人们认可和尊崇。我们每个人都应该拥有平等的意识，学会平等待人。

重要论述

习主席这样说

生活在我们伟大祖国和伟大时代的中国人民，共同享有人生出彩的机会，共同享有梦想成真的机会，共同享有同祖国和时代一起成长与进步的机会。

——习近平

法治越来越完善，不容任何人以特权破坏平等。特权，顾名思义，就是要追求与别人不同的、高于他人的特殊权力。很显然，这是与平等原则严重相违背的。特权危害极大，它从观念上助长权力崇拜，使一些人错误地认为，有了权力，没有干不成的事情；权力不用，过期作废。因此，有些人大肆利用手中的权力为自己谋取特殊利益，为亲属以及身边亲密的人谋取不正当利益。正因如此，特权是腐败产生的重要根源和条件。透过形形色色的腐败现象可以发现，腐败的基本轨迹是掌握一定权力的人，通过改变公共权力的作用方向和运行规则，使之成为不受约束的特权，谋取不正当的私利。特权引发社会的严重不满，冲击

链接

周总理的十条家规

敬爱的周恩来总理一直对自己、对亲属从严要求，不容忍亲属搞特殊化。在二十多年的总理生涯中，周家逐渐形成了“十条家规”：

一、晚辈不准丢下工作专程来看望他，只能在出差顺路时去看看；

二、来者一律住国务院招待所；

三、一律到食堂排队买饭菜，有工作的自己买饭菜票，没工作的由总理代付伙食费；

四、看戏以家属身份买票入场，不得用招待券；

五、不许请客送礼；

六、不许动用公家的汽车；

七、凡个人生活上能做的事，不要别人代办；

八、生活要艰苦朴素；

九、在任何场合都不要说出与总理的关系，不要炫耀自己；

十、不谋私利，不搞特殊化。

社会公正的底线，会引起社会的强烈不满，威胁到社会的稳定。

反对特权，必须要把权力关进制度的笼子里。权力具有的侵略性和扩张性，使得每一个被授予权力的人总是面临着滥用权力的诱惑，面临着逾越正义与道德界限的可能，进而使他人的自由受到侵犯。必须要加强对权力运行的制约和监督，把权力关进制度的笼子里，形成不敢腐的惩戒机制、不能腐的防范机制、不易腐的保障机制。

每一个人，无论性别、身份、地位、爱好有什么不同，无论身体、气质、性格、知识、智力有什么差别，在人格上都是平等的。上至国家领导人，下至黎民百姓，在法律主体资格上没有高低贵贱之分。公民的人格尊严，要平等地受到法律保护；公民作为一个人，应当受到基本的尊重。中国古人早就说："爱人者，人恒爱之；敬人者，人恒敬之。"中国宪法明确规定，中华人民共和国公民的人格尊严不受侵犯，禁止用任何方法对公民进行侮辱、诽谤和诬告陷害。我们每个人都希望得到别人的尊重与认可，但是尊重是双向的。中国人倡导诚意待人，礼贤下士。真心对待别人，别人也会坦诚相待。主动尊重别人，给人以真诚、温暖与鼓励，别人也将用同样的方式对待自己。

故事

“最温暖图书馆”

近年来，杭州图书馆倡导“平等、开放、无障碍”的理念，杭州市图书馆的老馆由于地处市中心，经常会有拾荒者前来馆里阅读、休息。而新馆由于周围建筑工地较多，也常常会有进城务工者进来阅读。从2003年起，图书馆就开始对所有读者免费开放，他们对这些特殊读者的唯一要求，就是要把手洗干净再阅读。曾有读者对拾荒者散发异味而不满。面对一些人的投诉，馆长褚树青劝导道：如觉不便可换座位，图书馆没有权利去让一位读者离开。 杭州图书馆也被赞为“最温暖图书馆”。

平等，要求人人都拥有平等参与、平等选择、平等竞争的机会，所有职位对所有人开放。反对特权思想，就是为了让每个人获得平等竞争和发展的机会。改革开放以来的中国，创造各种制度和法规，保障让每个人享有人生出彩的机会。

机会决定了人的命运。如果一个人没有正常的参与资格，纵然有再大的本领，也将无济于事。强调平等，必须高度重视机会平等，机会要向所有人平等开放，人人都有同样的机会去发挥自己的智慧和能力，只要肯于努力，成功的大门始终是向人们敞开的。我们要为不同行业、不同阶层人们的正常流动提供畅通的渠道。

怎样才能做到机会平等呢？首先，起点要平等，也就是说，具有相同潜力的人，应该有同样的起点，以便获得同样的前景。就像百米比赛一样，所有的人都应该在同一个起跑线上展开竞争。其次，过程本身要平等。在竞争过程中，要排除一切非正常因素的干扰，例如特权的干扰等；所有的人遵循同样的规则，没有人有特权。要保证这一点，非常关键的是要公开透明，让整个的比赛在阳光下进行。

为实现真正的机会平等，我们还需要特别关心弱势群体的生产生活。在现实生活中，有很多人由于一些特定的原因，比如，身体残疾，智力有缺陷，受教育水平不高、家庭困难等，难以进入同一个规则中进行竞争，因此，即使给他们提供了平等的竞争机会，即使他们自身很努力，也难以进入这个竞争规则中。为此，政府需要做好保底的

观察

重点高校增加农村学生比例

从2012年开始，国家实施高校面向连片特困地区定向招生计划，2013年又将招生区域扩大至所有国家级贫困县，招生高校覆盖所有重点院校。2014年，李克强总理在政府工作报告中指出，贫困地区农村学生上重点高校人数要再增长10%以上，使更多农家子弟有升学机会。2014年9月，《国务院关于深化考试招生制度改革的实施意见》公布，意见明确规定增加农村学生上重点高校人数。继续实施国家农村贫困地区定向招生专项计划，由重点高校面向贫困地区定向招生。部属高校、省属重点高校要安排一定比例的名额招收边远、贫困、民族地区优秀农村学生。到2017年，贫困地区农村学生进入重点高校人数将明显增加，并形成保障农村学生上重点高校的长效机制。

工作。人类社会不是自然界，不能完全按“丛林法则”行事，不能让强者越来越强，弱者越来越弱。“无恻隐之心，非人也”，“丛林法则”不符合人类的基本道义。

重要文件

关于“平等”

平等是社会主义法律的基本属性。任何组织和个人都必须尊重宪法法律权威，都必须在宪法法律范围内活动，都必须依照宪法法律行使权力或权利、履行职责或义务，都不得有超越宪法法律的特权。

——选自《中共中央关于全面推进依法治国若干重大问题的决定》

公正：
生活的阳光雨露

每个人都渴望生活在一个公正的社会中。在这里，如果受委屈了，能有地方去鸣冤申诉；如果被侵权了，会有法律制裁侵权者；如果有困难了，会有人伸出援助之手。生活在这样的环境中，人们就会有幸福感和满足感。相反，若生活在一个不公正的环境里，人们会感到压抑、痛苦、困惑与无助，进而产生对社会的强烈不满。

天下为公的理想

千百年来，人们对理想社会的期望，始终贯穿着对公正的追求。在中国古代，《礼记》曾提出“大道之行也，

经典论述

《礼运·大同篇》

人不独亲其亲，不独子其子，使老有所终，壮有所用，幼有所长，鳏寡孤独废疾者皆有所养，男有分，女有归；货恶其弃于地也，不必藏于己；力恶其不出于身也，不必为己。是故谋闭而不兴，盗窃乱贼而不作，故户外而不闭，是谓大同。

天下为公”的理念；孔子提出“不患寡而患不均”，主张教育上“有教无类”；墨子主张爱无差等的“兼爱”，提倡利益共享，惠及所有人。

人们盼望公正，就像寒夜里盼着天明。公正对于社会和个人的重要性，就如同阳光雨露不可或缺，只有公正的社会才是和谐的，才能有美好的生活。社会不公正，无论是对个人、社会还是国家而言，后果都很严重。对个人来讲，公平正义是心理底线，这一底线一旦被突破，人们对社会就会彻底丧失信心；对社会来讲，社会越不公平，不同社会群体间的关系就会越紧张，整个社会就会逐步走向隔阂、分裂和对抗；对国家来讲，公正的底线守不住，就可能出现矛盾、动荡甚至战乱。

公正是美好社会的良心。按照中国人的看法，公正对于社会的重要性就如同良心对于人一样不可或缺。公正是人类社会存在的首要原则，是人类社会文明进步的重要标志，也是社会发展的基础。中国特色社会主义制度特别珍视公正理念。人类对幸福生活的追求，必须建立在公正的基础上，否则社会就是一种缺乏道德约束的无序状态。很难想象在一个到处充斥着不公平的社会里，还会有爱、真诚、善良、正直、无私等可贵的美德。

社会主义就是要建设公平正义的社会

所谓公平，通常指一种对待人和事的不偏不倚的态度。中国东汉学者许慎在《说文解字》中讲到，“公”是平分的意思，“正”即“直”，不偏不倚。汉语中很多词语，例如“大公无私”“铁面无私”“奉公守法”就表达了这个意思。日常生活中我们通常说的“要一视同仁”“买卖要公平”“一碗水要端平”“孩子们同在蓝天下要享受同样的教育机会”“权力要在阳光下运行”等等，也都涉及公平。中国历史上的铁面无私、公正办案的黑脸包公，以及西方文化里一手握天平、一手持利剑的庄严女神的雕塑，都形象地表明了人们维持公平和守护正义的强烈渴望。

社会主义就是要建立一个真正公正的社会。实现比资本主义国家更高的社会公正，是社会主义社会的本质要求，也是社会主义制度优越性的集中体现。社会主义理想自诞生之日起，就将消除人类社会的不平等、不公正现象，实现人的自由全面发展和个性解放为己任。

马克思、恩格斯将毕生的精力奉献给了人类解放的伟大事业。他们对资本主义社会条件下资本家对工人的疯狂剥削压榨进行了无情批判，对资本主义社会条件下的异化现象进行了深入剖析，对资本主义标榜的价值观念的虚伪性进行了彻底揭露，向世人展示了资本主义制度的非正义性。马克思主义为人类建设一种更加美好、更加公正的社会提出了明确的价值取向和设想。

使发展成果更公平地惠及全体人民

在当今中国，解决社会公平正义的呼声越来越强烈。“人民网”在两会期间都要进行一次民意测验，征集百姓最关注的十大社会热点问题。十多年来的排行榜上，“社会保障”“反腐倡廉”“收入分配”“教育公平”等蕴含公平正义的问题一直名列前茅。可以说，当前社会上的许多

链接

马克思被评为千年最伟大的思想家

1999年跨千禧年之际，英国广播公司（BBC）举办了一场以“千年最伟大思想家”为题的选举。马克思名列榜首。名列其后的依次为爱因斯坦、牛顿、达尔文、阿奎那、霍金、康德、笛卡尔、麦克斯韦、尼采。英国广播公司的这项选举，是一次世界性的活动，吸引了世界各地的人士广泛参与。来自挪威的投票者柯里森说：“马克思启蒙了数以千计争取自由公义的斗争。他是现代政治思想之父。”另一位投下神圣一票的美国人卡普尔亦说：“马克思对资本主义运作模式做出了最好的分析……他的思想学说，对于帮助我们认识当今的世界，仍具参考价值。”

热点、难点、焦点问题，都不同程度地与公正问题联系在一起。很显然，现实的状况与百姓对公平正义的期待之间还有不小差距。社会主义如果不能创造更加公平的社会环境，改革就失去意义，也不可能持续。我们应把维护公平正义摆在现代化建设更加突出的位置上抓紧抓好，花大力气加强社会公平建设，使发展成果更多更公平惠及全体人民，为社会和谐稳定奠定坚实的基础。

在大力发展社会生产力的同时，要高度重视收入分配差距过大问题。加快发展步伐是实现社会公平的基础。目前存在的一些不公平现象，都是前进中的问题，最终的解决途径还是靠发展。只有大力发展生产力，把社会财富这块“蛋糕”做大，同时更合理地“切好蛋糕”，才会更有效地促进公正。否则，只能是低水平、低层次的“公正”，贫富差距也不可能从根本上消除。

在加快发展的同时，也要高度重视社会的贫富差距问题。改革开放以来，中国发生了巨大的变化，综合国力明显增强，人民群众的生活水平有了较大提高，中国让数以亿计的人口摆脱了贫困，但是收入差距问题比较明显，需要我们密切关注。从城乡之间看，城乡居民收入比从 1978 年的 2.36 ∶ 1，扩大到 2009 年的 3.33 ∶ 1；从区域之间看，东西部地区城镇和农村居民收入差距较大，

2009年浙江、贵州城镇人均可支配收入分别为24611元、12862.53元。

国际上通常把基尼系数作为衡量收入差距的重要指标，一般认为，当基尼系数处于0.4—0.5，表示收入差距过大，超过0.5则意味着出现两极分化。根据2013年1月国家统计局最新公布的数据显示，2003年全国居民收入的基尼系数是0.479，2004年是0.473，2005年是0.485，2006年是0.487，2007年是0.484，2008年是0.491，2009年是0.490，2010年是0.481，2011年是0.477，2012年是0.474。对中国这样一个典型的城乡二元经济结构的国家而言，虽然基尼系数并不能全面反映中国居民收入差距，但中国收入差距过大曾经是不争的事实，当然目前城乡居民收入扩大的趋势已经开始得到遏制。

在改革发展的过程中，社会成员之间存在一定的收入差距是难以避免的，但应保持在合理范围内。如果社会成员收入差距悬殊而又长期得不到解决，不仅会挫伤人们的积极性，而且会影响社会的安定团结。为此，要合理调整国民收入分配格局，积极推进分配制度改革，进一步理顺分配关系，完善分配制度，着力提高低收入者收入水平，扩大中等收入者比重，有效调节过高收入，取缔非法收入，努力缓解地区之间和部分社会成员之间收入分配差距

链接

基尼系数

基尼系数是20世纪初意大利经济学家科拉多·基尼所定义的判断收入分配公平程度的指标。它是指在全部居民收入中，用于进行不平均分配的那部分收入占总收入的百分比（A/A+B），其数值在0和1之间。基尼指数的数值越低，表明财富在社会成员之间的分配越均匀。收入分配越是趋向平等，基尼系数也越小，反之，收入分配越是趋向不平等，基尼系数也就越大。

扩大的趋势。

两极分化不是社会主义，社会主义的根本目标是实现全体人民的共同富裕。邓小平多次明确指出："社会主义的特点不是穷，而是富，但这种富是人民共同富裕。""社会主义与资本主义不同的特点是共同富裕，不搞两极分化。""社会主义的一个含义，就是共同富裕。""社会主义不是少数人富起来、大多数人穷，不是那个样子。社会主义最大的优越性就是共同富裕，这是体现社会主义本质的东西。”“如果富的愈来愈富，穷的愈来愈穷，两极分化就会产生，而社会主义制度应该而且能够避免两极分化。”走社会主义道路，就是要逐步实现共同富裕。一部分地区、一部分人先富裕起来，先富带动和帮助后富，最终实现共同富裕。

在实际生活中，我们实行“先富带共富”方式逐步实现共同富裕。中国实行的是允许一部分地区、一部分人通过诚实劳动、合法经营先富裕起来的政策，先富带动后富，最终达到共同富裕。先富带动后富的政策是合理的。众所周知，中国是世界上最大的发展中国家，由于历史和现实的原因，全国生产力发展水平较之发达国家仍然较低，人均收入水平则更低，而区域间发展又很不平衡。在这样的条件下，让全体人民同步富裕是不现实的。而一部分地区、一部分人先富起来，是实现共同富裕的必经之路。改革开放的实践已经说明，让一部分地区、一部分人先富起来，是卓有成效的。它极大地激发了人们勤劳致富的积极性，推动了生产力的迅速发展，改善了人民生活，社会充满旺盛的创造活力，人们迸发出了巨大的创造能量，取得了举世瞩目的伟大成就。目前，我们要更加注重公平，正因为如此，中国政府才如此重视脱贫的工作，承诺到2020年完全消除绝对贫困，不让任何一个地区、任何一个民族、任何一个人掉队。

“老吾老，以及人之老；幼吾幼，以及人之幼。”“使老有所终，壮有所用，幼有所长，鳏寡孤独废疾者皆有所养。”这些熟悉的古语，表达了人们对良好的生活保障的期待。社会保障是“人民生活的安全网”“收入分配的调节阀”“经济运行的减震器”和“社会发展的稳定器”。作为国家和社会为保证其成员基本生活权利而提供救助和补助的一种制度，社会保障在调节收入分配、缓解社会矛盾、推动经济发展、促进国家长治久安方面具有重要的作用。我们需要进一步完善新型农村合作医疗制度和城镇居民基本医疗保险制度，使民众看得起病、看得好病，使医疗服务真正帮到便民、利民、取信于民；不断完善新型农村社会养老保险和城镇居民社会养老保险制度，保障人们“养老不犯愁”；要健全城镇保障性住房制度，使广大百姓住有所居、安居乐业的梦想变成现实。

建设一个公正的社会，既需要国家和社会的努力，也需要每个人的努力与付出。每个人应该做富有正义感的人。在生活中，当遇到不正义的事情发生在自己身上时，要敢

观察

中国已建立覆盖城乡的医疗卫生服务体系

2002年开始，中国开始实施新型农村合作医疗制度，由政府组织、引导、支持，农民自愿参加，个人、集体和政府多方筹资。新型农村合作医疗制度的实施，有效地缓解了农民“因病致贫、因病返贫”问题，真正让农民看得起病，看得好病，使医疗服务真正做到便民、利民、取信于民。2007年，中国开始城镇居民基本医疗保险试点，“一老一小”有了医疗保障。随着新农合和城乡居民医疗救助在全国普遍实施，目前中国已建立了覆盖城乡的医疗卫生服务体系，从制度上实现了基本医疗保险对城乡居民的全面覆盖，中国建立起世界上最大的医疗保障网。

于反抗，采取正当的方式予以斗争；当不正义的事情发生在别人身上时，要见义勇为，给受害者以帮助和支持。只有有正义感的人、正直的人越来越多，我们的社会才会变得更加美好。

法治：走向现代法治社会

俗话说，无规矩不成方圆。如果没有比赛规则，足球比赛就会演变为球员之间的“肉搏战”；如果没有交通规则，车辆和行人就只能像无头苍蝇一样横冲直撞。在社会中，如果没有一套完备的法律制度来规范和约束人们的行为，社会就陷入丛林原则，人与人之间可能变得相互攻击、掠夺，弱肉强食，毫无安全感。

法律至上

法治是治国理政的基本方式。从野蛮到文明，从人治到法治，是人类发展过程中一个质的飞跃。用法律来治理国家，用法律来推动经济社会发展，用法律来保障人们的权益，用法律来调节社会关系和利益纷争，是各个国家治理国家和社会的普遍规则和行为底线。

1999 年 3 月 15 日，第九届全国人民代表大会第二次会议通过了《中华人民共和国宪法修正案》，把“依法治国”正式写入了宪法。依法治国方略写入宪法，赋予依法治国方略以宪法地位，加速推进法治，使依法治国方略的实施获得了宪法性的根本保障。

在法治国家里，法律是国王，而非国王是法律。法治首先意味着法律的权威、地位高于一切，是神圣不可侵犯的。无论什么人、什么阶层、什么政党，都没有凌驾于宪法和法律之上的特权，都服从于法律；如果谁违反了法律，都要受到法律的追究。法律至上实际上是要实现规则治理，努力做到凡事“皆有法式”，凡事“一断于法”，将明确稳定的规则作为“规矩”来规范国家和公民的行为。

坚持依法治国首先要坚持依宪治国，坚持依法执政首先要坚持依宪执政。中国现行宪法序言明确规定：“本宪法以法律的形式确认了中国各族人民奋斗的成果，规定了国家的根本制度和根本任务，是国家的根本法，具有最高的法律效力。”宪法是治国安邦的总章程，是党和人民意志的集中体现，具有最高的法律地位、法律权威、法律效力。全国各族人民、一切国家机关和武装力量、各政党和各社会团体、各企业事业组织，都必须以宪法为根本的活动准则，并且负有维护宪法尊严、保证宪法实施的职责。一切违反宪法的行为都必须予以追究和纠正。

国家工作人员必须树立宪法意识，恪守宪法原则，弘扬宪法精神，履行宪法使命。为彰显宪法权威，激励和教育国家工作人员忠于宪法、遵守宪法、维护宪法，加强宪法实施。2015 年 7 月 1 日，第十二届全国人民代表大会常务委员会第十五次会议决定实施宪法宣誓制度，各级人民

链接

中国宪法宣誓誓词

我宣誓：忠于中华人民共和国宪法，维护宪法权威，履行法定职责，忠于祖国、忠于人民，恪尽职守、廉洁奉公，接受人民监督，为建设富强、民主、文明、和谐、美丽的社会主义国家努力奋斗！

代表大会及县级以上各级人民代表大会常务委员会选举或者决定任命的国家工作人员，以及各级人民政府、人民法院、人民检察院任命的国家工作人员，在就职时应当公开进行宪法宣誓。

2016 年 1 月 15 日，中华人民共和国宪法宣誓法器首发式在北京人民大会堂举行。中国宪法宣誓规范法器全套法器共五件，分别由宪法宣誓领誓法台 (宪法集体宣誓主持人专用)、宪法宣誓法台、宪法宣誓领誓法台脚踏、中华人民共和国宪法 (书法版宣誓专用) 书籍共同构成。全套法器全部选用红木材质加工，采用中国传统的榫卯结构制作，设计独特新颖、外观庄重大方。其中，宪法宣誓领誓法台台面宽 99 厘米，象征中国法治事业长治久安。正面镶贴中华人民共和国国徽，代表国家主权和宪法宣誓精神的和谐、统一。宪法宣誓法台宽 54 厘米，目的是为了纪念 1954 年中华人民共和国第一部宪法颁布实施。脚踏镌刻有以中国传统书法隶书体书写的“上台”二字，寓意中国法治事业再上新台阶，再创新辉煌。

科学立法

古人说过“立善法于天下，则天下治；立善法于一国，则一国治”这样的话，可见，不是所有的法都能治国，不是所有的法都能治好国，唯有良法才是善治之前提。法律有善恶之分，恶法是“披着羊皮的狼”，徒具法律的外衣，不讲道理，不具备法律应有的价值追求和实质内容。法治是良法之治。只有良法才能最大限度地得到民众的认同，才会使民众信仰它、亲近它、爱护它、捍卫它，推行法治才有群众基础。而良法也因其自身所具有的特性，使得在推行时事半而功倍。

立法是法治的龙头环节，龙头昂起来，龙才可能腾飞起来。立法质量直接关系法治的质量，越是强调法治，越是要提高立法质量。全面推进依法治国，必须坚持立法先行，发挥立法的引领和推动作用，抓住提高立法质量这个关键，深入推进科学立法、民主立法，使每一项立法都符合宪法精神、反映人民意志、得到人民拥护。

严格执法

法律的生命在于实施。不能有效实施，再好的法律也会是一纸空文，依法治国就会成为一句空话。法治政府是建设法治国家最重要的环节，全面推进依法治国，其中十分重要的任务就在于保证法律严格实施，做到严格执法，加快建设职能科学、权责法定、执法严明、公开公正、廉洁高效、守法诚信的法治政府。

法治政府要求政府活动只能在法律之内而不能在法律之外，只能在法律之下而不能在法律之上，要求一切行政活动只能在法律的规范和制约下进行。法治政府是一个有限的政府，政府的各个机构、部门必须依法设立，拥有的

延伸

权力清单制度

政府不是万能的，不能包办一切事务。过多的权力集中于政府，容易导致腐败。为此，必须要建立政府的权力清单，明确政府的权力边界，切实做到“法无授权不可为”。《中共中央关于全面深化改革若干重大问题的决定》明确指出，“要推行地方各级政府及其工作部门权力清单制度，依法公开权力运行流程。”所谓“权力清单”，就是要把各级政府和各个政府部门所掌握的各项公共权力进行全面统计，并将权力以列表清单的形式公之于众，主动接受社会监督。

职权必须受到严格限制，那种“上管天、下管地，中间管空气”的政府与法治社会格格不入；法治政府应当是责任政府，强调法律权威至上，政府违反法律必须承担相应的法律责任，实现权力与责任的统一；法治政府是民主政府，其权力的行使要充分、真实地代表民意，成为人民意志的执行者；法治政府是透明、廉洁的政府，任何公民、企业法人、组织都享有法定的知情权，政府应该接受公众的全面监督。

公正司法

英国哲学家培根说过：“一个错误判决比多个错误行为更加有害，因为后者只不过是污染了流水，而前者却是将水源弄污了。”这句名言形象地说明，公平、公正是法治的生命线，也是司法的灵魂。司法是否坚持公正、正义的原则，是否做到公正，不仅是司法工作的生命和灵魂，也是衡量国家法治程度的重要标尺之一。只有司法公正，才能树立法律的权威，才能确保国家的政治安定和社会稳定；只有司法公正，才能维护法律的尊严，才能保证社会主义市场经济健康而有序发展。不公正的司法，是对法治的否定和背叛，是司法权滥用的结果。它不仅混淆是非，而且会造成人们对法律权威性的怀疑，依法治国、建设社

延伸

“法”字的故事

中文的“法”字古体写作“灋”。东汉许慎所著《说文解字》一书的解释:“灋,刑也,平之如水,从水;廌,所以触不直者去之,从去。”从“水”,表示法律、法度公平如水;“廌”(zhì)是中国古代神话传说中的神兽,体形大者如牛,小者如羊,类似麒麟,全身长着浓密黝黑的毛,双目明亮有神,额上通常长一角,俗称独角兽。“廌”是公平正义的象征,它能辨是非曲直,能识善恶忠奸,发现奸邪的官员,就用角把他触倒,然后吃下肚子。古人把这种生性正直、专触不直者的神明裁判者——“廌”纳入法的范畴,显然赋予了法的正直而无偏颇的价值内涵。

会主义法治国家自然无从谈起。司法公正要求司法机关在执法活动中必须坚持以事实为根据，以法律为准绳，严格贯彻有法必依，执法必严，违法必究，做到严肃执法，秉公办案，实现法律所追求的社会正义。

保证法律公正实施，需要保障司法机关依法独立行使司法权。法官作为司法者，应该独立依法做出自己的裁判，而不应受到任何其他人或因素的影响，这样才能公正司法，这也就是古人所说的“法不阿贵，绳不绕曲”。中国宪法明确规定：人民法院和人民检察院依法独立行使审判权、检察权，不受行政机关、社会团体和个人的干涉。

全民守法

法治不是一堆抽象的法律条文。建设法治国家，要把法律的原则、法律的精神、法律的核心价值渗透到我们每个人的内心深处，将法治理念内化于心，外化于行。这样一来，抽象的法律条文变成了我们人人自觉遵守的行为准则。

每个人都遵守法律，按照法律办事，要自觉遵守法律，按照法律的要求办事。守法朝朝乐，违法日日愁。公民要从小养成良好习惯，自觉守法，从小事做起，从身边做起，做一个知法、懂法、守法的好公民。

每个人也要学会运用法律的武器，保护自己的合法权益不受侵犯。在生活中，如果我们的权利受到了侵犯，要善于运用法律武器维权，善于同侵犯权利的行为进行斗争。当国家、社会、他人的权利受到侵害时，我们也要加以维护。

“爱国、敬业、诚信、友善”是公民层面的价值要求。它回答了我们要培育什么样的公民的重大问题。人无德不立，国无德不兴。公民的理想信念、价值追求、道德情操，既是立身处世、建功立业的基本依托，也是一个国家走向兴盛、实现昌明的精神支撑。每个人都应该热爱自己的国家，爱岗敬业，诚信无欺，友善待人，使我们的国家和社会变得更加美好。

第三章

塑造爱国、敬业、诚信、友善的公民

爱国：
人民神圣的天然义务

爱国，就是爱祖国的大好河山，爱自己的骨肉同胞，爱祖国的灿烂文化，爱自己国家的社会制度。

国家强大了人民才能安居乐业

爱国主义是世界各国永恒的主题，世界上没有哪个国家不提倡爱国精神。美国一直重视国民爱国精神的培育。相关调查显示，在欧美发达国家中，美国人对国家的认同感和自豪感最强，也最愿意为保卫他们的国家而战。美国总统肯尼迪那句“不要问国家能为你做些什么，要问你能为国家做些什么”成为了美国人崇尚的名言。为了使不同种族、不同文化背景、不同生活方式的人们团结在“星条旗”下，建设一个强大的国家，“爱国”成为美国高度推崇的价值理念。在美国，《独立宣言》《解放宣言》《联邦宪法》等政治文献是爱国主义教育的经典文本，《独立宣言》以及林肯的《葛底斯堡演说》等具有鲜明政治色彩的作品被列入语文教科书中供学生阅读、理解和讨论；各级学校的教科书、新闻影片、华盛顿纪念碑、林肯纪念堂等规模宏大的场馆是爱国主义教育的重要基地。可以说，美国民众的日常生活中一直贯穿着爱国主义的教育。作为一项隆重的仪式，对国家宣誓效忠，是美国主义教育中的制度性安排。1954 年，在时任总统艾森豪威尔的提议下，美国国会通过立法确定了下列誓词：“我宣誓效忠于美利坚合众国国旗及其所代表的在上帝之下不可分割的、给予全民自由与正义的共和国。”在集会和庆典中，一项必备的内容是人人立正、脱帽并将右手放在胸前，背诵这一誓词。这种长期例行规范使得身在其中的人，形成条件反射般的爱国主义行为习惯。

近年来，俄罗斯先后制定了对全民特别是青少年进行爱国主义教育的大纲和法案，力求重振民族精神。2016年，俄罗斯总统普京指出：“除爱国主义之外，我们没有也不能有任何其他的统一思想，这也是国家思想，它没有意识形态化，也与某个政党的活动无关，而与共同的统一原则有关。如果我们希望生活得更好，就应该让国家对所有公民变得更加有吸引力和更加有效。”法国的中小学均开设爱国主义课程，法国著名作家都德的《最后一课》这一弘扬爱国主义精神的文章，更是成为世界文学史上的不朽作品。

历史与现实都证明，只有国家强大了，人民才能安居乐业。国家弱了、乱了，人民不仅不能平静地生活，甚至会陷入生灵涂炭的战乱之中。阿富汗、伊拉克、叙利亚等国的境遇，就是明显的例证。

位卑不敢忘忧国

爱国主义是贯穿中华民族发展过程中的鲜明主线，滋润着民族精神的生成，并为民族精神的弘扬和发展，提供强大的激励力量和鲜明的目标指向，是中华民族精神的核心。从古至今，爱国主义已深深地融入中华民族的民族意识、民族性格和民族气概之中，成为中国人弥足珍贵的精神财富。正是依靠爱国主义这种民族精神，中国人民在祖国辽阔的土地上创造了一个又一个人间奇迹，缔造了为世人惊叹的中华文明。

在五千多年的历史长河中，爱国主义以其巨大的凝聚力和生命力，成为凝聚和动员全民族的伟大力量，成为各族人民风雨同舟、自强不息的强大精神支柱。据统计，在长达五千多年的中华文明史里，我们的民族曾遭受过1000多次大旱灾、1000多个大水灾，发生过800多次大地震，但并没有毁灭我们中华民族。从1840年至1949年的百余年间，世界上十多个帝国主义列强多次侵略中国，先后发动了上百次侵略战争，强迫当时的腐败政府签订了1175个不严等条约，掠夺了1000亿两白银。但是，中华民族并没有被外力所击垮，相反，凤凰涅槃，浴火重生，在实现中华民族伟大复兴的征程中不断前进。之所以如此，一个重要的原因在于，爱国主义已深深融入中华民族的血脉基因，成为中华民族发展壮大的精神动力，激励着一代代中华儿女不懈奋斗。

几千年来，中国人一直把爱国作为神圣的职责，秉承“先天下之忧而忧，后天下之乐而乐”的价值理念，自觉地将国家利益置于个人利益之上。以“苟利国家生死以，岂因祸福避趋之”的忘我精神，置个人的功名乃至生死于度外。“位卑未敢忘忧国”“天下兴亡，匹夫有责”“风声雨声读书声声声入耳，家事国事天下事事事关心”等名言警句，深深扎根于每个中国人的心田。几千年来，中国人以“捐躯赴国难，视死忽如归”的精神，投入保卫家园、

延伸

爱国主义名篇
——《可爱的中国》（节选）

中国民族在很早以前，就造起了一座万里长城和开凿了几千里的运河，这就证明中国民族伟大无比的创造力！中国在战斗之中一旦斩去了帝国主义的锁链，肃清自己阵线内的汉奸卖国贼，得到了自由与解放，这种创造力，将会无限地发挥出来。到那时，中国的面貌将会被我们改造一新。所有贫穷和灾荒，混乱和仇杀，饥饿和寒冷，疾病和瘟疫，迷信和愚昧，以及那慢性的杀灭中国民族的鸦片毒物，这些等等都是帝国主义带给我们可憎的赠品，将来也要随着帝国主义的赶走而离去中国了。朋友，我相信，到那时，到处都是活跃的创造，到处都是日新月异的进步，欢歌将代替了悲叹，笑脸将代替了哭脸，富裕将代替了贫穷，康健将代替了疾苦，智慧将代替了愚昧，友爱将代替了仇杀，生之快乐将代替了死之悲哀，明媚的花园，将代替了凄凉的荒地！这时，我们民族就可以无愧色地立在人类的面前，而生育我们的母亲，也会最美丽地装饰起来，与世界上各位母亲平等地携手了。

——方志敏（中国共产党革命家、政治家、军事家、杰出的农民运动领袖）

保卫国家的战斗中，涌现出了无数爱国英雄。屈原投江、岳飞抗金、林则徐虎门销烟、邓稼先为中国核武器研制隐姓埋名28年……无数仁人志士可歌可泣的爱国故事，感人至深，世代相传。

中国人的家国情怀

爱国是人天然的感情，它表现为：对养育自己的锦绣家园的由衷赞美和深深依恋；对祖国悠久的文化传统、灿烂的文明、闻名于世的辉煌成就的自豪感；对祖国各族人民和骨肉同胞的热爱；对维护祖国的荣誉、民族的尊严的高度责任感；对国家无限忠诚，对国家的前途、命运的无比关心。

祖国是生育养育我们的父母，我们是祖国的儿女，生长在祖国的大地上，享用着人民创造的劳动果实，使用着祖国的语言文字，沐浴在祖国文化的熏陶之中。从根本上说，每个人的命运与国家的命运紧密相关。“国安则民无忧”。从落后挨打的痛苦经历中，从“华人与狗不得入内”的歧视中，中国人痛心地慨叹近代国家积贫积弱，人民生灵涂炭，深刻地体会到没有国家的富强，就没有每个人的安全、幸福与尊严。历史告诉我们，我们每个人的前途命运都与国家和民族的前途命运紧密相连。国家好，民族好，大家才会好。祖国统一和民族团结既是国家最高利益，也是人民安居乐业的根本保障。爱国是每个公民责无旁贷的天职，是每个公民应该具备的基本品德。

所有公民都负有维护国家统一和民族团结的神圣职责。中华民族是由 56 个民族组成的大家庭，具有高度一致的整体感、责任感和忠实于国家民族整体利益的价值取向，以及各个民族之间和睦相处、友好相待、共赴国难、共渡难关的优良传统。团结统一，已经深深印在中国人的民族意识中，是中华民族的立身之本。从遥远的古代起，中国各族人民就建立了紧密的政治经济文化联系，两千多年前就形成了幅员广阔的统一国家。共同经历的非凡奋斗、

经典论述

毛主席这样说

我们的国家，是世界各国中统一历史最长的大国。中间也有过几次分裂，但总是短暂的。这说明，中国各族人民，热爱团结，维护统一，反对分裂，分裂不得人心。

——毛泽东

共同创造的美好家园、共同培育的民族精神、共同坚守的理想信念，将 56 个民族、14 亿中国人民紧密凝聚在一起。在漫长的历史岁月中，中华民族坚持贵和尚德、宽厚包容的原则，各民族和睦相处，你中有我、我中有你，唇齿相依、荣辱与共，亲同一家。维护民族团结和祖国统一，是中华民族的核心利益。

爱国就要热爱祖国的灿烂文化。文化是民族的灵魂。古往今来，一个国家、一个民族的强盛总是以文化兴盛为支撑的。没有文明的继承和发展，没有文化的弘扬和繁荣，就没有中国梦的实现。中华民族具有五千多年连绵不断的文明历史，创造了博大精深的中华文化，为世界文明进步做出了不可磨灭的贡献。在人类有文字记载的历史上，中国曾长期领先于世界。正如美国著名历史学家维尔·杜伦在《东方文明史》中所说的那样，当希腊民族尚未形成、文明尚未诞生之时，中华民族就已经早早地步入了文明社会的征程，创造了灿烂的古代文化。“它曾目睹了巴比伦和亚述、波斯和犹太、雅典和罗马、威尼斯和西班牙的兴衰变迁，即使当欧罗巴陷入巴尔干人所说的黑暗中世纪之时，中国依旧葆有着灿烂的文明。稳定持久的政府，精美绝伦的手工艺术，和谐深邃的精神世界历久不衰。”

中华文化源远流长，积淀了中华民族最深层的精神追

经典论述

学者这样说

欲其国民对国家有深厚之爱情，必先使其国民对国家以往历史有深厚的认识。欲其国民对国家当前有真实之改进，必先使其国民对国家既往历史有真实之了解。

——钱穆（中国现代著名历史学家、思想家、教育家）

求，代表着中华民族独特的精神标识，为中华民族生生不息、发展壮大提供了丰厚滋养。历经沧桑而积淀传承下来的中华优秀传统文化，具有超越时代局限，反映文明永恒性的价值特征，与整个民族，乃至整个人类的共同利益和福祉相契合，并对社会的发展产生深刻的影响，是我们在世界文化激荡中站稳脚跟的根基。

爱国主义是一个历史范畴，在社会发展的不同阶段、不同时期有不同的具体内容。在当代中国，爱国主义与社会主义本质上是统一的。历史和现实都充分证明，只有社会主义才能救中国，只有中国特色社会主义才能发展中国。作为中国新生产力的代表、作为中国无产阶级的先锋队，同时也是作为中国新文化的生力军，中国共产党从诞生之日起便自觉地肩负着实现中华民族伟大复兴的庄严使命，团结和带领全国各族人民完成民族独立和人民解放的历史任务，为实现中华民族伟大复兴创造了前提。新中国成立后，中国共产党创造性地完成了由新民主主义到社会主义的过渡，实现中国历史上最伟大最深刻的社会变革，开始了在社会主义道路上实现中华民族伟大复兴的历史征程。十一届三中全会以来，中国共产党在改革探索中找到了建设中国特色社会主义的正确道路。中国特色社会主义，为中国社会的发展和进步提供了可靠的保证与光明的前景，集中体现着国家、民族、人民的根本利益。爱国就是要爱社会主义的中国，建设中国特色社会主义是新时期爱国主义的主题。

中华民族既有让后世子孙引以为豪的灿烂历史，也有令所有中华儿女都刻骨铭心的耻辱过往。中华民族的整个历史，无论辉煌还是屈辱，都是全民族的共同财富。我们既要了解中华民族的优秀历史文化传统，增强历史认同和文化自信，又要牢记中华民族曾经的苦难和曲折，增强忧患意识和使命感，为中华民族的伟大复兴奉献力量。

以史为鉴，可以知兴替。前事不忘，后事之师。从

经典论述

邓小平谈“爱国”

有人说不爱社会主义不等于不爱国。难道祖国是抽象的吗？不爱共产党领导的社会主义的新中国，爱什么呢？港澳、台湾、海外的爱国同胞，不能要求他们都拥护社会主义，但是至少也不能反对社会主义的新中国，否则怎么叫爱祖国呢？

1840 年鸦片战争到 1949 年新中国成立的一百多年间，中国社会战火频仍、兵燹不断，内部战乱和外敌入侵循环发生，给中国人民带来了不堪回首的苦难。近代以来，中华民族遭受的苦难之重、付出的牺牲之大，在世界历史上都是罕见的。仅日本军国主义发动的侵华战争，就造成了中国军民伤亡 3500 多万人的人间惨剧。这段悲惨的历史，给中国人留下了刻骨铭心的记忆。中华民族永远不会忘记这段血泪史、羞辱史。

“落后就要挨打”，这是中国近现代史留给我们的惨痛教训。回溯近代以来中华民族的屈辱历史，列强蜂拥而至，中国无约不损，无战不败，神州陆沉，山河破碎，善良的中华民族被奴役、被压迫，中国人民饱受侵略和欺凌，主要原因就是国家落后。今天的中国取得了举世瞩目的发展成就，以崭新的姿态屹立于世界民族之林，中国人民比历史上任何时期都更加接近中华民族伟大复兴目标。历史的伤痕还在，历史的警示还在，历史的教训还在。我们要铭记历史，勿忘国耻，时刻警醒，自强不息，万众一心，共圆中华民族伟大复兴的崇高梦想。

爱国不单单是对祖国的热爱之情，更是一种高尚的义务和责任，它最终体现在报效桑梓、保卫国家、振兴祖国的具体行动中。爱国主义不仅要求一个人在情感与思想上对祖国的认同和忠诚，而且更强调每个人身体力行，积极投入到报效祖国的社会实践中去。没有行动的爱国主义是空乏的。“空谈误国，实干兴邦”，爱国需要的是实实在在的行动，而非一时的激情和响亮的口号。“喊破嗓子不如做出样子”，只唱爱国高调，不求爱国之行，最终会使爱国主义成为无花之果。真正的爱国者必然是自觉地把爱国之情、报国之志化作报国行动的人。

理性和情感是相辅相成的。没有情感的理性是空洞乏味的，没有理性的情感是盲目的。我们所倡导的爱国，是在法律的框架下，在道德的范畴内，以维护国家和民族的利益为出发点和着眼点，理性、合法、有序地表达爱国热情，并有理、有利、有节地表达爱国行为。

这种理性的爱国是开放的、包容的爱国，它反对一切形式的闭关自守、盲目排外的狭隘的民族主义。当代中国的发展离不开世界。我们的爱国，需要具备全球视野。我们要倡导开放性的爱国主义，包容性的爱国主义；摆脱闭关自守、盲目排外的狭隘的民族主义，积极参与经济全球化进程，树立负责任的大国形象；尊重各国自主选择社会制度和发展道路的权利，尊重文明多样性，推动不同文明交流对话、和平共处、和谐共生，不能唯我独尊、贬低其他文明和民族。我们的爱国是理性的爱国。爱国，既需要有激情更要有深情，既要讲情感更要讲理性。真正的爱国，应该是合法有序地表达自己的爱国情感，有理、有利、有节地展示自己的爱国行为。

敬业：在敬业中成就非凡

敬业，就是用一种敬畏、敬重的态度对待自己的工作，认真负责、一心一意、精益求精。敬业与否，决定着一个人能否成功。凡是有作为的人，都是非常敬业的人；凡是事业成功的人，都是特别勤奋的人。一个人，无论从事哪个行业、担任什么职务，都应该用辛勤的劳动和扎实的工作，践行敬业这一朴素而又崇高的美德。

敬业才能有成就

敬业，是一个古老的话题。无论在东方还是西方，敬业都有着悠久的历史传统。中华民族历来崇尚“敬”和“敬业”。敬业，看似平凡，实则伟大。敬业，是成就个人事业、实现人生价值的道德资本，也是“良善社会”的基石。

一份职业，一个工作岗位，是一个人赖以生存和发展的基本保障。人们首先必须吃、喝、住、穿，然后才能从事政治、科学、艺术、宗教等。人生的伟大目标都是从养活自己开始，立足生存，从脚下做起，追逐和实现梦想，这就是从最简单、最基础工作干起的意义所在。工作岗位同时也是一个机会、一个平台，它成就了我们的事业，成就了我们的人生。人生的意义和价值正是通过从事职业显示出来的。人生在世，成就一番事业，在职场上大有作为，是多数人的职业愿景。从某种意义上说，我们从小到大所做的努力，也是为了在职场上舞出令人着迷的旋律，实现自己的梦想。除了工作，没有哪项活动能给我们带来如此高的充实感、表达自我的机会，也没有哪项活动能够提供如此强的人生价值的体现。而事业有成，实现自己的人生目标，展现生命的意义和价值，在很大程度上取决于个人的工作态度、敬业精神。

机遇青睐敬业者，成功总是光顾精益求精的人。成功的人生源于对“精”的追求，一个人能否做到精益求精是决定成败的关键因素。但是在现实中，我们常见到这样一些人，他们总是不肯把事情做到尽善尽美，只用“足够了”“差不离”“差不多了”来搪塞了事。尽管从表面上看来，他们也很努力，也付出了很多，但做事效率却不高，质量也一般。由于他们没有把根基打牢，没有注重细节，往往没过多久，工作便会出现很多漏洞。相反，那些追求精益求精的人，在长期不懈的努力过程中，不但提高了自身的才能，充实了自己的生活，而且也开始逐步胜任其他更重要的工作。敬业才能立业，只有勤勉敬业的人，才能在平凡的岗位上铸就不平凡的业绩，最大限度地实现自己的理想抱负。在社会竞争日益激烈的今天，一个人争取到了一个工作岗位，可谓是机遇。我们应该珍惜来之不易的工作岗位，常怀敬业之心，常行敬业之举，把职业当作事业来对待，在高尚的职业追求中不断升华人生的意义。

专心致志，精益求精

“敬”具有敬仰、崇敬、庄敬之意，蕴含着一种恭敬肃然的态度，具体到外在的行为方式上，则表现为专注一事而不随意。

《论语·子张》中就说过“祭思敬”，也就是说祭祀时要做到严肃恭敬。宋代思想家程颐认为，“所谓敬者，主一之谓敬；所谓一者，无适之谓一”，含义是心无旁念地专心于一件事。宋代哲学家朱熹将“敬”进一步解释为：“主一无适便是敬。”这就是说，做一件事要忠于一件事，将全部精力集中到这件事上，一点不旁骛。近代学者梁启超认为，“敬业”是指“凡做一件事便忠于一件事，将全副精力集中到这事上头，一点不旁骛”，即“专心致志以事其业”。简单地说，敬业，就是用一种敬畏、敬重的态度对待自己的工作，认真负责、一心一意、精益求精。

对于每个人而言，敬重和敬畏职业，“专心致志以事其业”，为之付出全部心血，这实际上是将工作和职业视为一种责任、一种使命。对于一个行业、一个部门，乃至全社会来说，敬业同样具有十分重要的价值。敬业精神是每个行业提升竞争力的重要因素。今天，各行各业都面临着激烈的竞争。一个工作单位就是一个有机联系的整体，

经典论述

关于“勤奋”

骐骥一跃，不能十步；驽马十驾，功在不舍；锲而舍之，朽木不折；锲而不舍，金石可镂。

——荀子（先秦思想家）

业精于勤，荒于嬉。行成于思，毁于随。

—— 韩愈（唐代文学家、思想家、哲学家）

只有人人热爱本职工作、兢兢业业，彼此协调运转，才能产生整体效用。

敬业也是促进社会和谐的道德基础。古希腊哲学家柏拉图就认为，公正的社会必定是和谐的。城邦的正义体现为不同阶层的人们各司其职、尽展其能所形成的秩序。每个人都想往生活在具有正义精神的和谐社会中，而这种和谐社会的建构，就需要每个社会成员在自己的工作岗位上勤勉工作：公务员廉洁奉公、军人保家卫国、商人诚信经营、教师教书育人、科技人员发明创造、医生救死扶伤……唯有社会成员各守其道、各司其职、各尽其责，才能形成正义的良善社会。

立足本职，爱岗敬业

爱岗敬业的人令人尊重，恪尽职守的人无上光荣，辛勤劳动的人值得热情讴歌。雷锋曾经说过："如果你是一滴水，你是否滋润了一寸土地；如果你是一线阳光，你是否照亮了一分黑暗；如果你是一颗螺丝钉，你是否永远坚守你的岗位。"我们应该将爱岗敬业作为人生追求的一种境界，在工作中多一些奉献，少一些计较；多一些责任，少一些抱怨；多一些上进，少一些消极，真正享受工作所带来的快乐与满足。

敬业是一种忠于职守的工作态度，对职业表现出高度的忠诚感和责任感。一个敬业的人会对自己从事的职业具有献身精神，将自己的一生与其联系起来，在事业发展中实现人生的价值。一个敬业的人也会拥有强烈的责任感，明确认识到自己承担的特定职责，忠实履行职责，勤勤恳恳工作，任劳任怨付出。这样一来，工作就会由外在的强制和被动，转化为内在的自觉和主动。

在日常生活中，有的人会感到自己的工作十分琐碎，微不足道，不值得将全部精力奉献于其中。实际上，这是一种误解。把每一件简单的事做好就是不简单，把每一件平凡的事做好就是不平凡。一个人或许会因为自己职位的

经典论述

“五耻之说”

君子有五耻：居其位，无其言，君子耻之；有其言，无其行，君子耻之；既得之，而又失之，君子耻之；地有余，而民不足，君子耻之；众寡均而倍焉，君子耻之。

——出自《礼记·杂记》

平凡而有怀才不遇的嗟叹，也许会因为工作的烦琐而得过且过，也许会因觉得前途无望而敷衍塞责，得过且过，甚至离开岗位。如果怀有这样的心态，就永远感受不到工作的乐趣，认识不到职业中蕴含的价值。实际上，工作岗位没有高低之分，没有大小之别，都是挥洒汗水的天地，都是实现价值的平台。每一件事情都值得我们去做，值得我们用心去做。正如近代思想家梁启超所言："凡可以名为一件事的，其性质都是可敬。"即使再平凡不过的工作，只要我们持有"工匠精神"，勤勤恳恳，尽职尽责，精益求精，都会做出不平凡的成绩。

"知之者不如好之者，好之者不如乐之者"，干一行爱一行，只有乐之，才会充分发挥自己的聪明才智去完成一件事情。一个人只有从自己职业中领略出趣味，生活才会有价值。

"爱而不敬，非真爱也；敬而不爱，非真敬也。"事实证明，一个真正的敬业者必然有爱业的情怀，做到干一行爱一行。对职业的热爱是敬业的深层动力，它会燃起一个人巨大的工作热情，激发起奋进的强大动力。正如高尔基所言："天才是由于对事业的热爱感而发展起来的，简直可以说，天才就其本质而论只不过是对事业、对工作过程的热爱而已。"敬业的人会把工作当作快乐、当作幸福，会保持一股积极进取的干劲，一种拼命奋斗的热情，想方设法把工作做好，将即使最为平凡的事情做到极致。

提倡“干一行爱一行”，并不是说一个人一辈子只能待在一个岗位上。相反，一个人一生可能会面临多次岗位的选择。然而，“在岗爱岗”是一个基本的职业道德要求，

扩展阅读

雷锋精神

雷锋，一个平凡的战士，在平凡的岗位上做出了不平凡的业绩，受到世人的高度敬仰。无论是当一名农业社的记工员，还是作为县乡政府的通信员；无论是当一名工厂的推土机手，还是成为一名解放军战士，不管在什么岗位，不管从事什么工作，他都以一颗对事业高度负责、对岗位无限热爱的赤子之心，爱岗敬业、勤奋工作，心无旁骛、埋头苦干，出色地完成每一项工作任务。雷锋精神是指以雷锋的无私奉献精神为基本内涵，在实践中不断丰富和发展着的革命精神。雷锋精神影响了一代又一代的中国人。

一个人无论身处什么岗位，只要在岗一天，就应当踏踏实实、尽职尽责地干好分内工作，这正所谓“身在其位，心谋其政”。

敬业，需要精业。“敬业”和“精业”，是相辅相成、共同促进的。敬业是精神和状态问题，精业是能力和水平问题。一个人，无论本领多大、能力多强、素质多高，凡事拈轻怕重、应付了事，很难有所成就。同样，一个人无论多么爱岗敬业，如果知识浮浅，技术和能力平平，也很难取得多大成绩。特别是在知识经济飞速发展的现代社会，树立终生学习的观念，不断提升专业素养，提高业务水平，苦练制胜本领，显得十分重要。

今天，广大工人、农民、知识分子、科学家都在兢兢业业地埋头苦干。他们既是爱岗敬业的杰出代表，也是勤业、精业的先进模范。他们干一行爱一行，专一行精一行，刻苦钻研，勇于创新，练就了高强的本领，突破了一个又一个技术难关，创造出了一流业绩，在本职岗位上做出了突出贡献。这些具有高度精业意识的敬业者，立足平凡岗位，在创造性的劳动中实现了自己的人生价值，体会到了人生的幸福。而这种幸福感反过来又成为他们甘于忍住寂寞、守住平淡、顶住浮躁，潜心本职工作的巨大精神支持，从而达到了敬业精神的崇高境界。

诚信：做人的基本操守

无论是做人、做事，讲诚实、守信用是人类生活中最普遍、最基本的道德规范之一。诚信维系着人与人的信任关系，维护着正常的社会秩序，是立身之本，立业之源，立国之基。

诚者，天之道也

战国思想家孟子说："诚者天之道也，思诚者人之道也。至诚而不动者，未之有也；不诚，未有能动者也。"千百年来，诚信之所以为人称道，为世界各国所推崇，是因为诚信乃立人、立业、立国之本。人没有诚信，就不能立足；干事业没有诚信，就不会兴隆；国家没有诚信，就不会富强。

人无信不立。“诚，五常之本，百行之源也。”诚信是人们为人处世的基本道德规范，是道德的本原。人以诚立身。一个人忠诚老实、笃守诺言，无论走到哪里都能博人信任而立足。相反，如果不诚实守信，弄虚作假，口是心非，就会在社会上四处碰壁，甚至无法安身立世，无法做人成事。所以，中国人历来认为诚信是做人立身之本，认为人无信不立。只有真诚待人、踏实肯干、出勤出力、讲究信用的人，才能得到别人的认可，拥有更多的发展机会和更大的发展平台，取得更好的成绩。

经典论述

《论语》

人而无信，不知其可也。大车无輗，小车无軏，其何以行之哉？

业无信不兴。诚信是立业之基，兴业之本。一个企业，一个单位，只有坚持诚信经营，诚信办事，才能带来效益，才能长久不衰。相反，如果抵制不住短期利益的诱惑，弄虚作假，违背诚信，则会永远失去立足之根本。在商业王国，有许多知名公司会因失信而轰然倒下。

相反，一些企业因为恪守诚信的信条，成为了历经百年风雨而长盛不衰的"常青树"。中国的"同仁堂"就是诚信文化的典范。同仁堂始建于1669年，至今已有300多年的历史，是久负盛名的中药老字号。同仁堂历经三百年沧桑，始终昌盛不衰、屹立不倒的秘诀就是"炮制虽繁必不敢省人工，品味虽贵必不敢减物力"。也就是说，即使再繁杂的工艺，一点也不能马虎；即使再贵重的药材，也能不减少分毫。这两句话是同仁堂的"堂训"，上至经营者，下至每一位新进同仁堂上岗的员工，都要熟记这两句话，并内化为自己的自觉行动。这种发自内心的自律，让这家药店逾数百年风雨而不衰。

国无信则衰。《左传》中说，"信，国之宝也"，信用是国家的重宝。国之信，重九鼎。诚信是为政治国的基本原则。为政者如果损信于民，则国必乱；失信于民，则国必危。统治者能否取得人民的信任，是国家具不具有凝聚力的前提，它在很大程度上决定着国家政权的巩固和发展。古往今来，无数次政权更迭，改朝换代，都反复向人们揭示了这样一条历史规律：得民心者得天下，失民心者失天下。

言必信，行必果

据美国公关公司爱德曼（Edelman）2019 年 1 月 20 日

故事

商鞅立木取信

公元前 350 年，商鞅在秦孝公的支持下开始变法。商鞅为了树立威信，推进改革，曾立木为信。经过商鞅变法，秦国逐渐强大，最终统一了中国。《史记 · 商君列传》中做了如下记载：

商鞅变法之令既具，未布，恐民之不信己，乃立三丈之木于国都市之南门，募民有能徙置北门者，予十金。民怪之，莫敢徙。复曰："能徙者予五十金。"有一人徙之，辄予五十金，以明不欺。卒下令。

发布年度全球信任度调查报告显示，中国民众对政府、企业、媒体等机构的信任度高居27个被调查国家和地区之首，其中对政府的信任度达到86%，2018年则是84%。[1]

诚信是诚实守信的全称。诚实，即忠诚老实，就是忠于事物的本来面貌，不说谎，不作假，不为不可告人的目的而欺瞒别人。诚实要求人们真实反映事物本来面貌，做事认真，实事求是，不弄虚作假；真诚待人求实，言行一致、表里如一，不说谎骗人和违心自欺；说真话、做实事，切忌大话、空话、假话。守信，就是讲信用，讲信誉，信守承诺，忠实于自己承担的义务，答应了别人的事一定要去做。简单说来，诚信就是真诚待人不说谎，真实无欺不做假，信守承诺不食言。

讲诚实、守信用是人类社会普遍的道德要求，更是中华民族的传统美德。早在两千多年前，孔子就主张“言必信，行必果”。在几千年的历史长河中，许多诚信人物及故事广为传诵，深深刻印在中国人的心中，像春秋时期的“季札挂剑”，战国时的“曾子杀猪”，秦时商鞅的“立木存信”，汉末曹操的“割发代首”，南北朝时的“明山宾卖牛”，唐代裴度拾金不昧，如此等等。他们言必信，行必

1 《全球民调：中国政府信任度位居首位》，《环球时报》2019年1月23日第3版。

果，无论是对亲人、朋友，还是对于互不相识、偶然相逢的路人，甚至亡友之盟誓和信托，都忠实履行。许多民间故事传说中，更是歌颂了大量诚信人物和诚信故事，这些普通劳动人民，不但诚信经营、货真价实、物价公平、童叟无欺、不取不义之财，而且知恩图报，守信践诺，事迹感人至深。

履约践诺，以诚待人

诚实是打开人们心灵的神奇钥匙。在人际交往中，只

故事

一诺千金

西汉初年有个叫季布的人，为人正直、乐于助人。他以信守诺言、讲信用而著称。只要答应办的事情就一定要办到，从没有失信于人。当时流传着“得黄金百斤，不如得季布一诺”的谚语。“一诺千金”这个成语也是从这儿来的。

有真诚待人，才能与人建立和保持友好的关系；只有诚信，才能赢得别人的信任。所以，我们应该树立“言而有信，无信不立”的观念，养成诚实守信的好习惯。

做人必须真诚待人。无论对待何人、做何种事情，都应当抱有一颗诚实之心，只有这样才能换来他人对自己的真心和尊重，才能成功地做好每一件事情，才能真正地建立起一个彼此信任的社会。否则，人人相互猜疑、尔虞我诈，后果不堪设想。

“精诚所至，金石为开。”人的诚心所到，能感动天地，即使像金石那样坚硬的东西也能被打开。真诚待人，才能打动人，才能得到别人的认可，获得真正的友情。

做人必须信守承诺。诚实与守信是相通的，是相互联系在一起的。诚实是守信的基础，守信是诚实的具体表现。不诚实很难做到守信，不守信也很难说是真正的诚实。自古以来，立身处世，待人接物，都可以归结为“信用”问题。“信用”是最重要的一条道德准则，信守承诺是为人处世的前提。“立身存笃信，景行胜将金。”为人处事老实忠厚讲信用，品行高尚胜过拥有金银财富。

做诚信的人需要生活智慧。“讲实话”要区分场合，实话要讲，但是得考虑表达的方式，不能不尊重别人。诚

故事

精诚所至，金石为开

西汉时期有一个著名将领叫李广，他精于骑马射箭，被称为“飞将军”。有一次，他去冥山南麓打猎，忽然发现草丛中蹲伏着一只猛虎。李广急忙弯弓搭箭，全神贯注，用尽气力，一箭射去。李广箭法很好，他以为老虎一定中箭身亡，于是走近前去，仔细一看，未料被射中的竟是一块形状很像老虎的大石头。不仅箭头深深射入石头当中，而且箭尾也几乎全部射入石头中去了。李广很惊讶，他不相信自己能有这么大的力气，于是想再试一试，就往后退了几步，张弓搭箭，用力向石头射去。可是，一连几箭都没有射进去。人们对这件事感到疑惑不解，于是就去请教当时的一个大学者扬雄。扬雄回答道:“如果诚心实意，即使像金石那样坚硬的东西也会被感动的。”“精诚所至，金石为开”这一成语也便由此流传开来。

实并不是说在任何情况下都得把整个真相讲出来。在某些特定的场合，当我们知道说真相会伤害别人的感情时，真诚、善意的掩饰更能显示对他人的关爱和尊重。“善意的谎言”就属于这种情形。它是出于某种善意的原因说的谎言，并不带有恶意，不是居心叵测，是出于善意的。善意的谎言能给他人一丝希望，能让一个处于困境中的人燃起奋进的希望与动力。因此，就出发点而言，“善意的谎言”并非恶意，而是建立在内心诚恳善意的基础上，展现出来的是一种友善，一种关心。这与“恶意的谎言”是完全不同的。恶意的谎言是为说谎者谋取利益，不惜伤害他人的行为。

人和人之间需要做到相互信任，有了信任，思想间才能交流，心灵间才能沟通，人与人才能合作。信任别人，首先需要消除对别人的无端猜忌，不要对自己身边的每一个人都设有一道永远无法跨越的鸿沟。

可是，在生活中我们偏偏会遇到一些疑心很重的人，认为人人都不可信、不可交。如果发现别人背着自己说话，就会怀疑是在讲自己的坏话。别人有时态度冷淡一些，又会觉得别人对自己有了看法。他们总觉得别人在背后议论自己，或给自己使坏。《三国演义》中有这样一段描写：曹操刺杀董卓败露后，逃至吕伯奢家。曹吕两家是世交。吕

疑邻盗斧

“疑邻盗斧”的意思是不注重事实根据，对人、对事胡乱猜疑。“疑邻盗斧”这一典故出自战国时期的《列子》一书。“人有亡斧者，意其邻之子。视其行步，窃斧也；颜色，窃斧也；言语，窃斧也；动作态度，无为而不窃斧也。”意思是：从前有个乡下人，丢了一把斧子。他以为是邻居家的儿子偷去了，于是处处注意那人的言行举止，越看越觉得那人像是盗斧的贼。

后来，丢斧子的人找到了斧子，原来是前几天他上山砍柴时，一时疏忽失落在山谷里。找到斧子后，他又碰见了邻居的儿子，再留心看看他，怎么也不像偷斧的人了。

伯奢一见曹操到来，本想杀一头猪款待他，可是曹操因听到磨刀之声，又听说要“缚而杀之”，便大起疑心，以为要杀自己，于是不问青红皂白，拔剑误杀无辜。这是一出由猜疑心理导致的悲剧。

喜欢猜疑的人，往往特别注意留心别人对自己的看法，听说一句话往往琢磨半天。这样一来，自己的心理压力非常大，难以轻松自然地与人交往，会影响到人际关系。不愿敞开心扉，不愿主动与别人交流，自我封闭的结果往往是郁郁寡欢，久而久之，不仅怀疑他人，也会怀疑自己，对自己失去信心，变得自卑。

友善：
人际交往的基本规范

友善，就是待人热情友好，与人为善，助人为乐，珍视友情。心存友善的人，会对他人的缺点给予设身处地的体谅，而不是一味地斥责；对他人的优点会虚心学习，见贤思齐，而不是一味地嫉妒。友善如同春风化雨，可以使强者感到温暖，使弱者感到力量。

博爱之谓仁

中华民族历来提倡厚德载物，强调与人为善、助人为乐。中国传统文化中有大量关于友善的论述。如《论语》中说“礼之用，和为贵”，强调以一种和谐友善的态度来对待自然、社会和他人，以一种宽广的胸怀来处理各种关系。如《周易》中说，“地势坤，君子以厚德载物”，表现出一种器量宏大的宽广胸怀。孟子曾指出：“老吾老，以及人之老；幼吾幼，以及人之幼。”他是强调，在赡养孝敬自己的长辈时不应忘记其他与自己没有亲缘关系的老人，在抚养教育自己的小辈时不应忘记其他与自己没有血缘关系的小孩，体现了博爱天下之人的高尚情怀。墨家则以“兼爱”表示仁爱精神。“兼”就是全部、同一，即合而不别。相对于儒家的“仁”，兼爱是一种无差等的爱，不分远近、贵贱、亲疏，视人如己，为人尤为己。墨子认为，要去除不道德的行为，实现天下大治，则要“兼”，即“视人之国，若视其国；视人之家，若视其家；视人之身。若视其身”。“推己及人”“兼以易别”，归根到底在于爱人。

在中国历史上，涌现出了无数践行友善的典故，比如：廉颇蔺相如将相和、孔融让梨、郑板桥居官爱民、安徽桐城六尺巷的故事……代代流传，成为佳话。可以说，“友善”这一价值理念从一开始就渗透于中华民族的心理和思维方式之中，并在以后的社会生活中不断稳固和发展，成为维系社会秩序、人际关系的道德规范。

古汉语中的“友善”

从词源上分析，现代汉语中的“友善”在古汉语中都是作单字使用的。“友”在甲骨文中是，从字形上看它是由两个“又”字组成的，就像是朝着同一方向的两只手握在一起。《说文解字》解释道：“同志为友，从二又，相交友也。”作动词时，“友”有结交、互相合作、予人帮助或支持的意思。因此，“友”在古文中表示两个人以手相助，握手结交，彼此友好，相互帮助。也就是说，“友”在本意上象征着朋友之间的相互援手和相互帮助。“善”在古文中是一个会意字，从羊，从言。也就是说，“善”是由“羊”（吉祥的代表）和“言”（讲话）组成，本意是吉祥的话语，两者放在一起，寓意是互相帮助和互相祝福。因此，《说文》解释，“善，吉也。”“友”与“善”结合为友善，从字面上说就是像朋友一样善良。

己所不欲，勿施于人

友善，是以宽广的胸怀关爱他人、关心社会、热爱自然。“友善”的美德古已有之。孔子提出“仁者爱人”，不仅倡导人与人之间要互相友善相待，还明确地指出了施行仁爱的方法和途径，即“己欲立而立人，己欲达而达人”和“己所不欲，勿施于人”。当然，爱人不是盲目迁就，更不是姑息养奸，而是要“立人”“达人”；爱人也不是放纵个人的自私欲望，而是要根据做人的原则克制自己的私欲，按照“礼”的标准视、听、言、动。在古人看来，如果人们彼此之间能保持友善，做到“爱人”，那么这个社会就会成为一个理想的和谐社会，这正合乎“天道”的要求。

友善是二月里的春风，融化心灵的冰封；友善是一杯清茶，冲淡痛苦的回忆；友善是一剂良药，医治内心的创伤……善待亲人以和谐家庭关系，善待朋友以凝结牢固的友谊，善待他人以构建和谐的人际关系，善待自然以形成和谐的自然生态。

友善促进人与人的和谐。人是社会关系的总和。社会生活是一张无形的网，每个人都是这张社会关系之网上的一个网结。不管愿意不愿意，每个人每时每刻都要处理各种各样的人际关系。在家庭生活中，要处理父母子女之间的关系；在单位，要处理上级和下级之间的关系以及同事之间的关系；在商场，要处理顾客同营业员之间的关系；上了飞机，要处理乘客同乘务员的关系……可以说，我们每走一步，每办一件事，都需要处理各种各样的人际关系。而只有人际关系和谐，我们的身心才会愉悦，我们的生活质量和工作效率才能不断提高。这就需要每个人都从自己做起，从小事做起，以友善的态度与同事相处、与家人相处、与朋友相处。

友善增加社会的信任感，友善是信任的催化剂。我们与别人交往时，只有相信对方不会伤害我们，感觉到对方尊重自己、善待自己，才能消除对他们的戒心，建立起相互信任。友善会使人真诚地对待他人，履行对于他人的责任和承诺，会促进友爱和真情的传递，促进信任度的提高。

友善促进人和自然和谐。近代以来，人们一直将自然界当成征服的对象，无休止地、野蛮地、疯狂地掠夺自然界的财富，造成污染严重、森林缩小、土地沙漠化、大量动植物种类消失等严重后果。实际上，人和自然是相互依存、相互联系的整体，对自然界不能只讲索取不讲保护、只讲利用不讲建设。大自然是母亲。我们呼吸的空气，我们喝的水，我们吃的粮食，都是大自然的给予。破坏大自

延伸

中国古代关于保护自然资源与生态环境的法令

中国古代贤哲不仅提出了“天人合一”等朴素的生态文明思想，而且在实践中通过设置专门政府机构、颁布法律法令等措施，集中体现了他们对生态文明的追求。周文王时期曾颁布《伐崇令》，它被誉为“世界最早的环境保护法令”。《伐崇令》规定：“毋坏屋，毋填井，毋伐树木，毋动六畜，有不如令者，死无赦。”此外，周代还制定了保护自然资源的《野禁》和《四时之禁》。秦朝的《田律》可以说是迄今为止保存最完整的古代环境保护法律文献，它有一部分专门讲述资源与环境保护，包括古代生物资源保护的所有方面。据中南大学哲学系教授吕锡琛在《中国古代的环境保护法规及思想》一文中所述，宋元时期特别是北宋十分重视资源与环境保护方面的立法、执法，官府屡次颁布这方面的禁令，保护的对象包括山场、林木、植被、河流、湖泊、鸟兽、鱼鳖等众多方面。明清两朝的法律则多沿用唐律，都有资源和环境保护方面的法令并有所发展，如清代还设有专管水利的官员，并设堡专门保护水道、河堤，这种办法一直沿用至今。

然，就等于自我毁灭。我们要热爱大自然母亲，保护好大自然，让天更蓝、水更清、地更绿。

怀友善之心，践友善之行

友善是一个人的优秀品质，是构建和谐人际关系和社会关系的道德纽带，更是维护良好社会秩序的伦理基础。无论身处哪个阶层、从事哪个行业，友善都是公民应当积极倡导的基础性的价值规范。

做一个友善的人，就要有与人为善的愿望。有些人自认为自己文化水平高、办法多、能力强、经济实力强，没有自己办不到的事，不需要与他人搞好关系；有些人受功利主义思想的驱使，只对那些有利自己的人友善，而对那些与自己利害无关的人则漠然处之。实际上，任何一个人，没有他人的帮助是不会成功的，离开社会一个人就很难正常生存。正因为这样，每个人都应该树立与人为善的意识。一个人不论职位如何，不论文化水平如何，不论民族和宗教信仰如何，不论贫富差别如何，没有贵贱之分，因而也就不能恃强凌弱，以多欺少，以富傲贫。人和人间应当怀着友好的愿望，抱着彼此平等的心理坦诚相待。

做一个友善的人，就要学会宽容理解。现实中，由于年龄、身份、地位、家庭出身、生活阅历的不同，人们对同一事情会有着不同的看法，有着不同的理解和体悟。我们应该学会理解和包容不同的观点、不同的看法，在法律允许的框架内，应该承认不同的个体具有选择不同的生活方式的权利。宽容的基础是理解，只有真正地理解他人，才能唤起行动上的自觉，真诚地替他人着想，从他人的角度看问题，做到“爱人利人”。特别是当矛盾发生时，如果双方能够设想角色互换，尝试从他人的角度出发进行“利人”的思维，那么矛盾往往可以很快解决，双方取得沟通和谅解，甚至化干戈为玉帛。

做一个友善的人，就要学会礼貌待人。语言是人们交往的工具，是人们表达意愿、表达情感的媒介和符号。语言也是一个人道德情操、文化修养的反映。在与人交往中，如果能做到言之有礼，谈吐温文尔雅，就会给人留下美好的印象。因此，人际交往要文明用语，注意语言美，切忌使用低级庸俗、粗鲁无礼的污言秽语。同时，也要学会微笑。微笑，犹如灿烂的阳光，犹如黑夜的火把，让光明和温暖穿越冷漠，传递热情、关怀和温暖。在微笑中，干戈或许会化为玉帛。要想得到别人的尊重，不仅要尊重别人，还需与人相互谦让。骄傲自大，目中无人，拒人于千里之外，容易引起别人的反感；谦逊随和，平易近人，往往会赢得别人的尊敬和喜爱。

做一个友善的人，就要乐于助人。古有“授人玫瑰，手有余香”之说，今天人们总是助人为乐，不求报答。善良的人，往往是有爱心的人，胸襟开阔的人；宽以待人，更是时刻希望给人以帮助的人。因此，对那些遭到不幸和困难的人，我们要在道义上和物质上给予同情、支持和帮助，关心老弱病残，热心社会公益事业。同志之间、同学之间、邻里之间、亲友之间要相互照顾、关怀和体贴，救人之危，解人之难。关心老弱病残，热心社会公益事业。我们在帮助别人的时候，自己的道德也在升华。在温暖别人的同时，也温暖自己。

中国的和平发展是20世纪末21世纪初具有世界历史意义的大事，毕竟中国有占世界五分之一的人口。这样的和平发展模式既能够让中华民族摆脱贫穷落后的状态，实现民族的复兴，同样也给整个世界的发展带来机遇，中国将是一个有着巨大潜力的广阔市场。当今世界面临着百年未有之大变局，政治多极化、经济全球化、文化多样化和社会信息化潮流不可逆转，各国间的联系和依存日益加深，但也面临诸多共同挑战 。粮食安全、资源短缺、气候变化、人口爆炸、环境污染、疾病流行、跨国犯罪等全球非传统安全问题层出不穷，对国际秩序和人类生存都构成了严峻挑战。不论人们身处何国、信仰如何、是否愿意，实际上已经处在一个命运共同体中。

第四章

构建人类命运共同体

走向“人类命运共同体”

人类命运共同体的提出

在当今世界，中国共产党人站在时代潮头，把握历史方向，提出了一系列新思想和新理念，比如打造对话而不对抗、结伴而不结盟的伙伴关系，进而建立以合作共赢为核心的新型国际关系。随后在此基础上，又提出了共同构建人类命运共同体。这些新的思想和理念，既摒弃了结盟对抗的旧思维，也超越了零和博弈的老套路，具有鲜明的中国特色，又具有重大世界意义。

人类命运共同体的理念是中国走和平发展道路的必然选择。实际上，构建“和谐世界”是中国人民理性的战略选择，这个选择是以中国文化传统和社会价值观取向为基础的。早在1985年，邓小平就提出了“和平与发展”的时代主题。他指出：“现在世界上真正大的问题，带全球性的战略问题，一个是和平问题，一个是经济问题或者是发展问题。”[1]以江泽民为核心的中央领导集体提出了新安全观、“与邻为善，以邻为伴”的周边外交方针和“睦邻、安邻、富邻”的外交政策，致力于维护世界和平。为了创造和平发展的国际环境，2005年4月，时任国家主席的胡锦涛参加雅加达亚非峰会时提出，“综观当今世界，和平、发展、合作已成为时代潮流。经济全球化趋势深入发展，科技进步突飞猛进，生产要素流动和产业转移加快，各国相互依存日益加深。”各国“应推动不同文明友好相处、平等对话、发展繁荣，共同构建一个和谐世界”。2005年9月15日，在联合国成立60周年首脑会议第二次全体会议上，胡锦涛发表题为《努力建设持久和平、共同繁荣的和谐世界》的演讲，再次重申了“和谐世界”的理念。[2]

和平发展既是中国人民的理性选择，也是中国人民的郑重承诺。习近平主席在德国科尔伯基金会演讲时指出：“中国走和平发展道路，不是权宜之计，更不是外交

1 《邓小平文选》人民出版社1993年版，第3卷，第105页。
2 见《人民日报》（2005年9月16日）。

辞令，而是从历史、现实、未来的客观判断中得出的结论，是思想自信和实践自觉的有机统一。”[3] 这段论述，是对中国走和平发展道路最精辟的论述。既然和平发展不是权宜之计，更不是外交辞令，那就必然有着深刻的价值理念的支撑。

中国共产党“十八大”报告提出了“要倡导人类命运共同体意识”的命题，这是一个重要的历史观、文明观和价值理念的宣示。这个宣示是基于中华传统文化，立足中国经济社会发展，前瞻中华民族伟大复兴和人类文明发展的前景提出的。

中国有着悠久的历史传统，当代中国是一个自主文明的延续。正因如此，美国前国务卿基辛格认为，“若要了解 20 世纪的中国外交或 21 世纪中国的世界角色，必须首先对中国的历史有一个基本的认识”[4]。实际上，人类命运共同体的意识，同样是中国历史思想的创造性转换与创新性拓展。正如中国著名哲学家、哲学史家张立文先生指出的，“中华民族自古以来就有‘天地与我并生，而万物与我为一’，‘天地之塞，吾其体；天地之帅，吾其性。民吾同胞，物吾与也’以及‘天地万物本吾一体’的思想。简

3　见《人民日报》（2014 年 3 月 29 日）。

4　亨利 · 基辛格：《论中国》，中信出版集团 2015 年第 2 版，第 13 页。

言之，是一种命运共同体思想。”[5]

如何处理当代错综复杂的国际关系，更是人类命运共同体意识的直接动力。人类命运共同体是当代中国共产党人基于经济全球化、通信网络化和日益增长的全球生态和安全问题而提出的人类利益共存、合作共赢、休戚与共的文明价值观。

在漫长的文明发展史中，人类曾经长期生活在相互隔绝的状态下。交通工具的改进特别是新大陆的发现，让分割状态下的世界有了相互接触的可能。当今世界，越来越便利的交通促进了经济、文化交往，信息技术的突破性发展进一步把人们的知识传递和精神生活，纳入到全球相互影响的网络化状态中。尽管人类生活在不同社会制度、文化传统和地理空间中，尽管人们属于不同的种族，有着不同的肤色，信仰不同的宗教，但在经济发展、生态环境、社会安全等领域却面临着共同的课题。在这个星球上，错综复杂且日益紧密的联系构成了“你中有我、我中有你”的局面，形成了一荣俱荣、一损俱损的格局。面对这种局面，中国方案是：构建人类命运共同体，实现共赢共享。

5　张立文：《王霸之道与和合天下》，《学术前沿》2016年第10期（下）第90页。

人类命运共同体的内涵与实质

继中国共产党十八大报告提出“要倡导人类命运共同体意识”，“命运共同体”已经成为习近平主席在众多外交场合，尤其是在论述中国与发展中国家、周边国家和新兴国家外交关系时，反复强调的中国外交理念，并且结合各种国际合作的内容不断丰富其思想内涵。习近平同志就任中共总书记之后首次会见在华外国专家时就表示，国际社会日益成为一个你中有我、我中有你的命运共同体。面对世界经济的复杂形势和全球性问题，任何国家都不可能独善其身、一枝独秀，这就要求各国同舟共济、和衷共济。在 2013 年 9 月举行的 G20 峰会上，习近平主席用“一荣俱荣、一损俱损”“一花独放不是春，百花齐放春满园”来形容国际之间的合作。强调国家间要树立命运共同体意识，明确表示中国有条件有能力实现经济持续健康发展，为世界经济带来更多正面外溢效应。

2013 年 10 月，习近平在周边外交工作座谈会上则强调了“与邻为善、以邻为伴”“睦邻、安邻、富邻”“亲、诚、惠、容”等中国周边外交的基本方针，提出要加强周边宣传工作，让命运共同体意识在周边国家落地生根。他访问印度尼西亚时前往印尼国会演讲，谈到中国与东盟的合作时，明确表示中国愿同东盟国家加强海上合作，共同建设 21 世纪“海上丝绸之路”，携手建设“更为紧密的中国—东盟命运共同体”。习近平主席还先后谈到建立中国—阿拉伯、中—非之间的命运共同体问题。在访问韩国时，他提出：中韩两国应该“构建开放融合发展格局，共同打造利益共同体”。参加中国—拉美和加勒比国家领导人会晤时，习主席又强调指出：要与拉美和加勒比国家加强合作，“努力构建携手共进的命运共同体”。

在 2015 年的博鳌论坛上，习近平总书记又特别阐明

知识

“人类命运共同体”

打造人类命运共同体的主要目的：

1. 建立平等相待、互商互谅的伙伴关系；
2. 营造公道正义、共建共享的安全格局；
3. 谋求开放创新、包容互惠的发展前景；
4. 促进和而不同、兼容并蓄的文明交流；
5. 构筑尊崇自然、绿色发展的生态体系。

了"迈向人类命运共同体"必须坚持的原则，即必须坚持各国相互尊重、平等相待；必须坚持合作共赢、共同发展；必须坚持实现共同、综合、合作、可持续的安全；必须坚持不同文明兼容并蓄、交流互鉴。

2015 年 9 月 28 日，国家主席习近平在纽约联合国总部出席第 70 届联合国大会一般性辩论，并发表题为《携

重要文件

习主席谈"一带一路"

"一带一路"建设秉持的是共商、共建、共享原则，不是封闭的，而是开放包容的；不是中国一家的独奏，而是沿线国家的合唱。"一带一路"建设、亚洲基础设施投资银行都是开放的，我们欢迎沿线国家和亚洲国家积极参与，也张开臂膀欢迎五大洲朋友共襄盛举。"一带一路"建设不是空洞的口号，而是看得见、摸得着的实际举措，将给地区国家带来实实在在的利益。

——习近平 2015 年 3 月 28 日在博鳌亚洲论坛年会上的主旨演讲

手构建合作共赢新伙伴 同心打造人类命运共同体》的重要讲话。他强调，和平、发展、公平、正义、民主、自由，是全人类的共同价值，也是联合国的崇高目标。当今世界，各国相互依存、休戚与共，我们要继承和弘扬联合国宪章宗旨和原则，构建以合作共赢为核心的新型国际关系，打造人类命运共同体。

显然，当代中国之所以走和平发展道路，倡导构建和谐世界，在于中国有着深厚的人类命运共同体的意识和价值追求。这种价值追求的实质就是，各国之间处于一种相互依存、休戚与共的关系之中，只有包容互惠、和衷共济，才能实现合作共赢、共同发展的目的。中国的价值理念已经得到越来越多国家的认同。更可喜的是，2017 年 2 月 10 日，联合国发展委员会以协商一致的方式通过了“非洲发展新伙伴关系的社会层面”的决议，呼吁国际社会“本着合作共赢和构建人类命运共同体的精神”，加强对非洲经济社会发展的支持。这是联合国决议首次写入“构建人类命运共同体”的理念。联合国高官菲利普·查沃斯还特别指出:“从长远看，世界各国和联合国都会从这一理念中受益。”他说，这一理念不是要人们去急功近利，而是把眼光放得更加长远。“中国是一个历史悠久的国家。中国人看问题的角度和眼光比其他许多国家更加长远。‘构建人类命运共同体'的理念是中国人着眼于人类长远利益的远见卓识。"[6]另外，最近在联合国人权理事会举行的第34次会议上，通过了关于"经济、社会、文化权利"和"粮食权"两个决议，明确表示要"构建人类命运共同体"。这是中国提出的人类命运共同体重大理念首次载入人权理事会决议，标志着这一理念成为国际人权话语体系的重要组成部分。[7]

6 顾震球:《"构建人类命运共同体"凸显中国贡献——专访联合国高官菲利普·查沃斯》，见《参考消息》(2017年2月20日)。

7 见《光明日报》(2017年3月25日)。

讲信修睦　协和万邦

中国的国际观的历史文化根基

当代中国主张构建人类命运共同体，坚持走和平发展道路，是有着深厚根基的历史文化传统的延续。《史记·五帝本纪》就有“合和万国”的理想。可以说,“和平”与“合和”是中华文化的内在基因。在古代中国的文明融合进程中，作为主流思想的儒家一直强调“以德服人”，而批评“以力服人”的做法。儒家认为，只有通过讲信修睦、协和万邦，才能做到“保合大和”，从而实现“万国咸宁”“天下和平”。这就是说，只有做到协和万邦，才能实现国家之间的和平，达到富国安民的目标。讲信修睦、协和万邦是中国国际观和外交观的基本内涵。

中国繁荣昌盛是趋势所在，但国强必霸不是历史定律。中国自古就倡导“大道之行也，天下为公”理念，主张“强不执弱，富不侮贫”的规范，深知“国虽大，好战必亡”的道理。中国没有对外侵略、殖民的历史，现在也没有称霸世界的意图。中国坚持走和平发展道路，是我们的战略选择和郑重承诺。中国愿意把自身发展同周边国家发展更紧密地结合起来，欢迎周边国家搭乘中国发展“快车”“便车”，让大家一起过上好日子。欢迎周边国家参与到“一带一路”合作中来，携手实现和平、发展、合作的愿景。

中国的国际观是中国核心价值观在国际关系中的体现

中国的国际观是在“合和万国”的历史传统基础上，结合当代和平与发展的时代主题，凝练了“人类命运共同体”的理念，为和平发展的外交政策奠定了坚实的哲学理论基础。然而，“人类命运共同体”的理念，不仅是中国文化传统的延续，也是当代中国人民的理想愿景。

中国对国际关系的认识和外交实践中所持立场反映出的价值观，是中国价值观在国际关系和外交领域的延伸和具体体现。我们在国内强调富强、民主、文明、和谐，在

重要论述

习主席谈“国家安全观”

贯彻落实总体国家安全观，必须既重视外部安全，又重视内部安全，对内求发展、求变革、求稳定、建设平安中国，对外求和平、求合作、求共赢、建设和谐世界。

——习近平总书记在出席国家安全委员会第一次会议时的讲话

国际上也主张合作共赢、共同发展，推动国际关系的民主化。

新世纪以来，中国不断推进全面对外开放，推进与世界各国之间的交流互鉴，加强互利合作。中国提出建设丝绸之路经济带和21世纪海上丝绸之路的战略，目的就是实现各国在发展机遇上的共创共享。基于中国对外关系中的价值取向，我们可以预期：中国将以更加开放的胸襟、更加包容的心态、更加宽广的视角，大力开展中外文化交流，在学习互鉴中，为推动人类文明进步做出更多、更大的贡献。

我们在国内强调自由、平等、公正、法治，在国际上也秉持公道正义，坚持平等相待；主张并且尝试引领世界上的事情由各国政府和人民共同商量着办，积极推动国际关系民主化；倡导各国权利、义务、责任相统一的国际法治精神，希望各方遵守国际法和公认的国际关系基本准则，推动国际关系法治化；积极推进全球治理体系改革，反对双重标准，主张相互尊重、合作共赢，推动国际关系合理化。

我们在国内强调爱国、敬业、诚信、友善，在国际关系中，也愿意妥善处理“义”和“利”的关系，我们要注重利，更要注重义。“国不以利为利，以义为利也。”我们主张义利兼顾。实际上，经济全球化时代是一荣俱荣、一损俱损，不能只追求你少我多、损人利己，更不能你输我赢、一家通吃。中国人希望自己过得好，也高兴别人过得好，还通过力所能及的帮助让别人过得好。正如习近平总书记在 2014 年 APEC 北京峰会上强调的：“中国梦是奉献世界的梦。‘穷则独善其身，达则兼善天下。’这是中华民族始终崇尚的品德和胸怀”。

显然，有什么样的核心价值观，就有什么样的国际关系价值观。建立在人类命运共同体理念基础上的国际观，为中国的和平发展道路和构建和谐世界的愿景，提供了正确的思想引领和价值规范。

中国的国际和外交事务价值理念

中国外交工作的战略目标，就是服从和服务于实现“两个一百年”奋斗目标，实现中华民族伟大复兴，全面发展国际之间的友好关系，深化互利合作，维护和用好中国发展的重要战略机遇期，维护国家主权、安全、发展利益。国际政治是国内政治的延伸。但是，国际事务是主权国家之间的互动关系，这就需要处理不同国家主体之间的协调关系。以什么样的价值观去处理国际关系，必然影响到国家处理国际关系路径、方式选择的基本取向。

和平发展。中华民族是爱好和平的民族，有着5000多年历史的中华文明，始终崇尚和平，和平、和睦、和谐的追求深深植根于中华民族的精神世界之中，深深溶化在中国人民的血脉之中。《中庸》曰：“中者，天下之大本也；和者，天下之达道也。”汉代大儒董仲舒认为：“成于和，生必和也；始于中，止必中也。中者，天地之所始终也；而和者，天地之所生成也。”2014年，习近平主席在访问印度时指出：“我们都把‘和’视作天下之大道，希望万国安宁、和谐共处。”

和平，就像阳光雨露，有了和平，世界就可以繁荣发展；没有和平，人类就可能生灵涂炭。正如习近平指出的，“国家和，则世界安；国家斗，则世界乱。”[1] 中国创造了灿烂的古代文明，靠的不是穷兵黩武、以力服人，而是“以德服远”[2]、以德服人；中国从一个积贫积弱的国家实现了重新振兴，靠的不是对外扩张或殖民掠夺，而是靠着人民的勤劳、社会的安定和和平的环境。我们必须坚持实现共同、综合、合作、可持续的国际安全秩序，维护世界和平。中国处在发展中状态，我们不称霸。即使未来我们实现了现代化，我们同样不追求霸权。穷兵黩武不是中华文化的基因。

国与国之间有利益差异，有不同的看法是可以理解的。但如何解决好呢？中国的方案是：和而不同。这是解决冲突、推动合作共赢的最好方式。正如古人所说“万物并育而不相害，道并行而不相悖”。我们只有相互尊重，交流互鉴，才能实现和平和共存。才能实现“各美其美，美人之美，美美与共，天下大同”。大国之间只有相互尊

1　习近平：《共同构建人类命运共同体——在联合国日内瓦总部的演讲》，见《人民日报》（2017 年 1 月 18 日）。

2 《晋书·荀勗传》：“明公以至公宰天下，宜杖正义以伐违贰；而名以刺客除贼，非所谓刑于四海，以德服远也。”

重，才能构建不冲突、不对抗的和平发展环境。大国对小国不是以力服人，而是平等对待，就会减少许多冲突。

我们不仅要坚持和谐共处的价值理念，而且应该阐释其普遍的世界意义。在巴黎联合国教科文组织总部，习近平主席系统阐释了中国的文明观：文明是多彩的，人类文明因多样才有交流互鉴的价值；文明是平等的，人类文明因平等才有交流互鉴的前提；文明是包容的，人类文明因包容才有交流互鉴的动力。我们应该推动不同文明相互尊重、和谐共处，让文明交流互鉴成为增进各国人民友谊的桥梁、推动人类社会进步的动力、维护世界和平的纽带。

合作共赢。尽管人类生活在同一个地球上，却生活在不同的自然环境中，有着不同的文化传统。文明多样性不是我们相处的障碍，而是差异互补的条件，有利于相互借鉴，相互激励，推动文明的进步。如果相互争夺，必然是双输；如果相互包容，通过交流互鉴，必定达成双赢。

习近平在达沃斯世界经济论坛 2017 年年会开幕式上的主旨演讲中指出："人类已经成为你中有我、我中有你的命运共同体，利益高度融合，彼此相互依存。每个国家都有发展权利，同时都应该在更加广阔的层面考虑自身利益，不能以损害其他国家利益为代价。”[3]我们不能搞以邻为壑那一套，而应该以“亲、诚、惠、容”的真切态度，推动世界经济迈向包容普惠的新时代。

历史经验证明，实行包容性发展，自己也能够发展；排他性的发展是没有出路的。中国这样说，也这样做。中国发起成立丝路基金、金砖国家银行、亚投行等等，都是用自己的努力为国际合作提供平台，以开放的心胸创造国际合作的机遇，促进世界的繁荣发展。

公平正义。古人说：“法者，天下之准绳也。”主权平等、互相尊重主权和领土完整、互不侵犯、互不干涉内政、平等互利。重塑公正合理的世界治理模式，反对搞双重标准。中国在和平共处五项原则发表60周年纪念大会上申明：不能一个国家安全而其他国家不安全，一部分国家安全而另一部分国家不安全，更不能牺牲别国安全谋求自身所谓绝对安全。

我们积极推动国际关系民主化，主张世界上的事情由各国政府和人民共同商量办；我们积极推动国家关系法治化，主张各国权利、义务、责任相统一的国际法治精神，希望各方遵守国际法和公认的国际关系基本准则；我

3　习近平：《共担时代责任 共促全球发展——在世界经济论坛2017年年会开幕式上的主旨演讲》，见《人民日报》（2017年1月18日）。

们积极推动国际关系合理化，推进全球治理体系改革，主张义利兼顾。我们认为，经济全球化时代是一荣俱荣、一损俱损，不能只追求你少我多、损人利己，更不能你输我赢、一家通吃。在国际关系中，我们要注重利，更要注重义。要妥善处理义和利的关系：秉持公道正义，坚持平等相待。既要让自己过得好，也要让别人过得好。“国不以利为利，以义为利也”。

休戚与共。建立公平正义、可持续的国际秩序，就需要共同、合理的国际担当。基于人类命运共同体的意识，中国在谋求自己的发展与繁荣的时候，也愿意看到其他国家及整个世界的发展与繁荣；中国在谋求自身的国家安全时，也希望其他国家及全球的共同安全。随着中国的发展，中国愿意越来越多地提供有利于全球发展与繁荣的公共产品，承担越来越多的国际责任。

在这个联系日益紧密的地球村里，大家都是同一条船上的乘客。只有抱着同舟共济的意识，才能做到天下太平。如果试图以自己的绝对安全牺牲别人的安全，到头来只能是“城门失火，殃及池鱼”。在中国人看来，四海之内皆兄弟，天下一家。我们只有和衷共济，相互协作，才能构建一个繁荣和平的和谐世界。面对动荡不安、战乱冲突频生的地区和国际形势，中国始终坚持走和平发展道路。面对质疑现有的国际秩序和国际体系的言行，中国始终主张在维护中加以改革完善。面对“逆全球化”和保护主义思潮抬头，中国始终高举多边主义和开放包容的旗帜。“中国外交的这种稳定性和确定性是大国应有的担当，不仅对冲了各种不确定性，也充分展示了中国的定力和自信。”[4]

总之，在国际交往中，中国致力于做符合历史发展趋势的事，做符合时代潮流的事。“中国，将继续做国际形势的稳定锚，世界增长的发动机，和平发展的正能量，全球治理的新动力。”[5]同时，我们也应该努力传播当代中国价值观念，提高国家文化软实力。当代中国价值观念，就是中国特色社会主义价值观念，代表了中国先进文化的前进方向。中国成功走出了一条中国特色社会主义道路，实践证明我们的道路、理论体系、制度是成功的。要加强提炼和阐释，拓展对外传播平台和载体，把当代中国价值观念贯穿于国际交流和传播方方面面。提高国家文化软实力，要努力展示中华文化独特魅力。我们要尊重国际的差异性，

4 《王毅在十二届全国人大五次会议举行的记者会上就中国外交政策和对外关系答中国记者问》，见《人民日报》（2017 年 3 月 9 日）。
5 《王毅在十二届全国人大五次会议举行的记者会上就中国外交政策和对外关系答中国记者问》，见《人民日报》（2017 年 3 月 9 日）。

善于向他国学习，要以理服人，以文服人，以德服人，提高对外文化交流水平，完善人文交流机制。在国际传播中，我们应该塑造中国历史底蕴深厚、各民族多元一体、文化多样和谐的文明大国形象；政治清明、经济发展、文化繁荣、社会稳定、人民团结、山河秀美的东方大国形象；坚持和平发展、促进共同发展、维护国际公平正义、为人类做出贡献的负责任大国形象，对外更加开放、更加具有亲和力、充满希望、充满活力的社会主义大国形象。

结 语
民族复兴的价值观崛起

一个国家的发展，也是这个国家价值观的发展；一个民族的振兴，也是这个民族价值观的振兴。中国价值观的崛起，是中国革命、建设、改革、开放历史与现实发展的必然要求，也是应对国际变化及科学技术革命提出的挑战的需要。

第一，改革开放使中国社会结构发生了巨大变化。过去，中国是一个传统社会、熟人社会，可以保障社会的秩序。现在是一个社会流动的时代，集中表现为社会分化、利益多元化和思想的多样化，凝聚共识，就得靠核心价值观。

第二，冷战结束与全球化进程凸现了价值观竞争的作用。随着苏联解体和东欧的剧变，世界也进入经济全球化浪潮，世界的边界越来越不作为边界而限制人们的跨国流动，各种文化相互交融、相互激荡。正因为不同的文化、不同的价值观碰撞在一块，价值观问题才被提上议事日程。价值观已经成为一个国家、一个民族保持精神独立的关键，是一个国家软实力的精髓。我们再也不能关起门来自说自话了，价值观是否具有吸引力，需要在国际竞争中检验。

第三，信息技术和知识经济强化了独立思考和观念创新的重要性。信息技术使世界变得扁平了，全球信息可以说是压缩式的并置于我们眼前，人们随时随地需要做出判断和选择，越来越具有独立思考的能力和意愿。在差异性信息的环境下，人们乐于接受新生事物，有利于创新文化的形成，但也容易出现文化的断裂、碎片化。正因为思想多样了，价值多样了，我们才需要有核心价值观。

中国的发展需要正确的价值观支撑。中国的崛起不是一般国家的崛起，中国的影响力不仅关乎中华民族本身的福祉，同时也与整个人类社会相关。我们既不能妄自菲薄，也不能自高自大。中国的崛起、发展需要正确的价值观支撑。

第一，国家和平发展需要价值观的方向引导。中国作为一个大国，不能盲目发展，要有方向。国家的崛起，需要价值观的引导。价值观是动员中国人民走中国特色社会主义道路、建设中国特色社会主义的力量源泉。重建中国人民的精神世界，我们的道路自信、理论自信、制度自信，归根结底是文化自信、价值观自信。美国的李湇（Ann Lee）就曾在《美国能够向中国学习什么》一书中提到了中国独立自主的发展意识，他说："中国历史的发展有赖于中国人的独特性及其他各种因素，但是中国能够取得如此巨大的成就，最主要的原因还在于长期形成的价值观和方法论。这些价值观和方法论已经制度化，并指导了几代中国人的行为方式。"苟日新，日日新，自强不息、与时俱进的进取精神正是中华民族精神的宝贵之处。

第二，维护国家统一需要共同价值观理念。美国人从族群上是世界各地的人，但是仍然作为一个美利坚民族国家而存在，正是由于找到了自己的共同性。维护国家的共同性，我们不要过分依附于族群，要把国家统一从族群的共性转向为公民共性，转向国民共性。而国民共性的基础就是共同的价值观、共同的利益、共同的法理基础。现代治理必须建立在国民共性的基础上，而国民的共性根基就是共同的价值观。

第三，构建和谐社会也需要核心价值观。每个人都是一个独立的个体，都希望获得承认，实现自身价值。但在实现自身价值时，如果发生冲突，就需要用道德和法律规范。而道德、法律规范背后的基础就是价值观意识。习近平总书记说："如果一个民族、一个国家没有共同的核心价值观，莫衷一是，行无依归，那这个民族、这个国家就无法前行。"构建和谐社会，必须需要价值观的规范。

第四，提高国民素质需要道德价值观的升华。一个人有多大的价值观，就有多大舞台，因为梦想在那里。人是需要有梦想的，让人早起的不是闹钟而是梦想。中国人的梦想或理想是什么？1945 年前为了民族独立，1949 年前为了人民解放，1978 年前为了吃饱，1978 年后为了吃好，吃好了之后我们为了什么呢？这是我们必须思考的！价值观决定了一个历史的阶段，也决定了每个人的境界，是引导人们走向未来的方向。

第五，增强文化软实力需要先进价值观的支撑。从历史角度讲，任何一个具有世界历史意义的民族的崛起，都伴随着新价值观的崛起。从现实讲，价值观是一个民族文化独立和文化软实力的根据。从传播的角度讲，价值观是一个国家或社会的根本标识，因此先进的核心价值观是提高中国社会主义文化软实力的根本基石。

总之，富强、民主、文明、和谐，自由、平等、公正、法治，爱国、敬业、诚信、友善，传承着中国优秀传统文化的基因，寄托着近代以来中国人民上下求索、历经千辛万苦确立的理想和信念，也承载着我们每个人的美好愿景。我们要在全社会牢固树立社会主义核心价值观，全体人民一起努力，通过持之以恒的奋斗，把我们的国家建设得更加富强、更加民主、更加文明、更加和谐、更加美丽，让中华民族以更加自信、更加自强的姿态屹立于世界民族之林。

图书在版编目（CIP）数据

东方智慧与信仰：如何看中国人的价值观／韩震著．—北京：外文出版社，2019.7
（如何看中国）
ISBN 978-7-119-12091-1
Ⅰ．①东… Ⅱ．①韩… Ⅲ．①人生观－研究－中国 Ⅳ．①B821
中国版本图书馆CIP数据核字（2019）第154335号

出版指导：陆彩荣
出版统筹：徐　步　胡开敏

责任编辑：曹　芸
内文设计：一瓢文化·邱特聪
封面设计：北京红十月图文设计有限公司
印刷监制：秦　蒙

东方智慧与信仰
如何看中国人的价值观

韩　震　著

出 版 人：徐　步
出版发行：外文出版社有限责任公司
地　　址：北京市西城区百万庄大街24号　　邮政编码：100037
网　　址：http://www.flp.com.cn　　电子邮箱：flp@cipg.org.cn
电　　话：008610-68320579（总编室）　　008610-68996158（编辑部）
　　　　　008610-68995852（发行部）　　008610-68996183（投稿电话）
印　　刷：环球东方（北京）印务有限公司
经　　销：新华书店/外文书店
开　　本：889×1194mm　1/32
字　　数：140千
印　　张：6.25
版　　次：2019年8月第1版第1次印刷
书　　号：ISBN 978-7-119-12091-1
定　　价：45.00元